Plain Chiffon Cakes and Dips
Sweet Chiffon Cakes and Dips

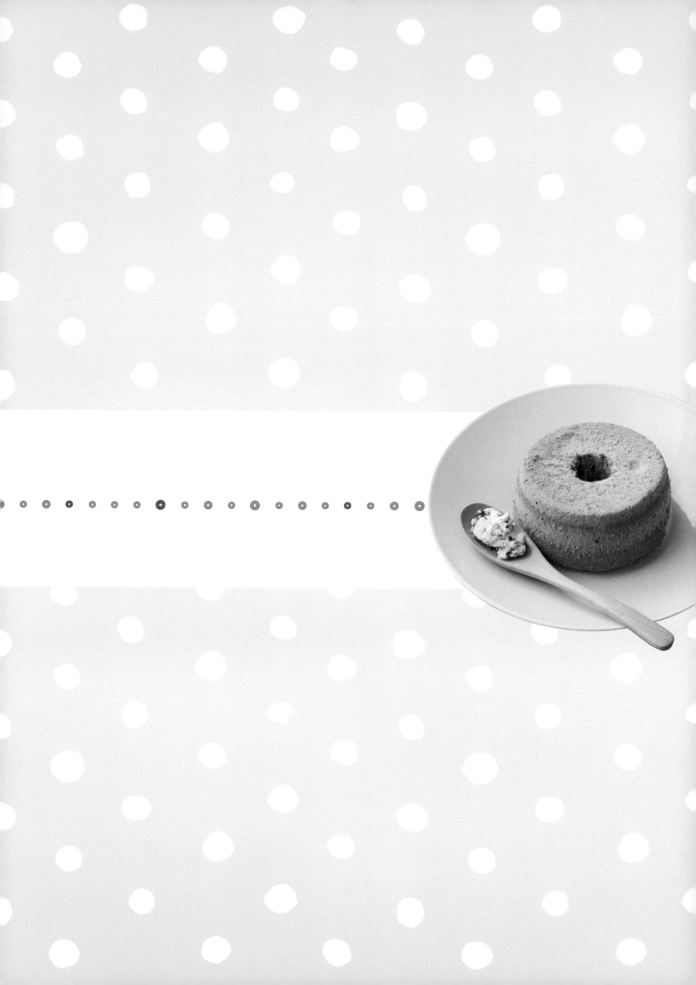

Non-Sweet Chiffon Cakes and Dips

Other Variations of Chiffon Cake

一人喫剛剛好！

零失敗の
42款迷你戚風蛋糕

鈴木理恵子 著

前言

想以更自由創作的方式製作戚風蛋糕，

可嘗試變換粉類與香料，

拋開「戚風蛋糕是甜點」的固有印象，

製作配菜般的戚風蛋糕也相當有趣呢！

模型中間既然有這麼可愛的小洞，就填入適合戚風的醬料，

一邊搭配剝成小塊的戚風，一邊開心享用，一定很有趣！

本書中充滿了我的想像力與創造力，

除了依食譜製作，也請展開你的想像力翅膀，

在戚風蛋糕與醬料的世界裡冒險吧！

鈴木理惠子

迷你戚風蛋糕 到底有多「迷你」呢？

本書中所介紹的是初學者也能輕鬆製作的食譜，全部設計為完整使用一顆蛋的作法。冰箱裡只要有一顆蛋，再準備些植物油、砂糖與低筋麵粉等家庭常備食材就可以開始製作了。

戚風蛋糕模有各式種類與尺寸，其中17吋與20吋鋁模最為常見。迷你戚風模則是直徑12cm的不鏽鋼模（約5至6吋大小），可於一般商店便宜購入，不僅取得容易，收納也很方便。

以全蛋烤出來戚風蛋糕高度與上圖差不多。（此為完全冷卻後的狀態，剛從烤箱出爐時會更高。）戚風蛋糕給人的印象，就是那彷彿要從模子裡滿溢出來，高高隆起的蛋糕體，想呈現這樣的高度就必須使用更多的蛋，但這對想當作輕食或點心輕鬆享用的迷你戚風蛋糕來說，不論是營養方面或便利性似乎都不是很恰當。

上左邊是使用了四顆全蛋、模型直徑17cm的戚風蛋糕。右邊則是使用一顆蛋烤出來的迷你戚風蛋糕，我想這樣對照應該可以讓讀者實際感受到尺寸差距。

迷你戚風的獨特吃法

搭配醬料
一整天都可以享用

可一次吃完的迷你戚風蛋糕，直接吃就很美味，若再搭配醬料享用更能提昇飽足感與風味。由於戚風蛋糕的口感輕盈，因此也不會覺得有太大的負擔。

那麼，就一起來享受各種戚風蛋糕與醬料的組合搭配吧！

早餐

降低甜度的戚風蛋糕，如果搭配上含有堅果或水果的醬料，就算食欲不佳的早晨也能充分攝取到營養。

午餐・野餐

將手工醬料填入可愛的迷你戚風蛋糕，再放入容器內，就非常適合當作午餐享用。

不論是在辦公室或野餐，只要選擇戚風蛋糕搭配醬料，不但不會弄髒容器，攜帶也很方便，集合了多項優點呢！

點心

將戚風蛋糕作為點心，即使是日常的午茶時光，也可藉由不同醬料的搭配變化找到新吃法。

在原味戚風蛋糕上加入口感濃厚的醬料，又或者試著將各種不同口味的戚風蛋糕搭配上簡單的醬料。各種有趣的搭配，一定能讓你對戚風蛋糕改觀，找到全新享用方式。

晚餐

以戚風蛋糕作為晚餐，也許是你不曾想過的吧？無甜味戚風蛋糕是不會干擾配菜味道的優秀配角。鹹香的醬料、抹醬或起司與迷你戚風蛋糕的組合搭配非常適合作為輕食晚餐喔！

大分量的主菜若搭配上沒有甜味的迷你戚風蛋糕，口感上的對比將賦予晚餐更多變化。

宵夜

將切片後的迷你戚風蛋糕淋上醬汁，就完成了一道簡單好吃的下酒菜。當深夜肚子餓時，鬆軟的戚風蛋糕搭配上清爽的醬料，這樣的宵夜也很不錯喔！

（迷你戚風蛋糕的尺寸）

戚風蛋糕模有各種尺寸，

本書中使用的是直徑12cm的不鏽鋼戚風蛋糕模，

可於一般商店以實惠的價格入手，

是容易維持乾淨&收納不占空間，

且剛好適合一人享用的尺寸。

（容易製作&記憶的分量）

製作迷你戚風所使用的蛋為全蛋，

請選用L尺寸且新鮮的蛋吧！

本書設計的食譜，除了基本的原味戚風蛋糕之外，

各種口味的戚風蛋糕也盡量以容易記憶的材料來製作。

只要動手製作幾次之後，

自然而然腦海裡就會浮現出分量。

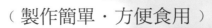

（製作簡單・方便食用）

若是製作迷你戚風蛋糕，以小烤箱就可以進行烘焙。

由於分量小，使用打蛋器打發蛋白也很輕鬆。

也因為烘焙時間短，想吃就能立刻動手。

即使是較小的女性手掌也能輕鬆拿取，脫模更是相當簡單。

若是剛烤好就一口氣吃完整模，

那就不會有蛋糕吃不完剩下的煩惱啦！

快速查詢！
改善身體狀況的
迷你戚風&抹醬

🍃 容易疲累時

如果身體經常無緣無故感到疲憊不適，建議多攝取優質蛋白質，並且注重排毒吧！核桃與黑芝麻擁有豐富的蛋白質與維他命，竹碳吸附腸道內老廢物與排出的效果也很令人期待。

推薦的戚風蛋糕&抹醬

奶油戚風蛋糕 ＋ 核桃醬 → P.016
竹碳戚風蛋糕 ＋ 黑芝麻醬 → P.056
納豆戚風蛋糕 ＋ 芥末醬 → P.076
基本款無甜味戚風蛋糕 ＋ 醬香奶油醬 → P.070・P.096

🍃 肌膚粗糙時

改善痘痘、粉刺、乾燥等肌膚問題需要補充膠原蛋白。無花果所含的多酚與食物纖維對皮膚也非常有幫助。番茄富含的茄紅素，所具備的抗氧化作用也有美肌作用。羅勒可以整腸健胃，有效改善嘴巴四周的肌膚問題。

推薦的戚風蛋糕&抹醬

豆漿戚風蛋糕 ＋ 紅豆醬 → P.020
膠原蛋白戚風蛋糕 ＋ 無花果醬 → P.022
羅勒戚風蛋糕 ＋ 番茄醬 → P.078
基本款無甜味戚風蛋糕 ＋ 酪梨醬 → P.070・P.095

🍃 想減肥時

黃豆粉、麵麩、南瓜、香蕉都含有豐富的膳食纖維，很適合用來消除飢餓感。維生素及礦物質則可以防止肌膚暗沉，對於美麗瘦身有很大的幫助。此外，肉桂能降低血糖、促進血液循環。

推薦的戚風蛋糕&抹醬

米粉戚風蛋糕 ＋ 黑糖蜜黃豆粉醬 → P.026
麵麩戚風蛋糕 ＋ 南瓜醬 → P.032
香蕉戚風蛋糕 ＋ 肉桂醬 → P.040
咖哩戚風蛋糕 ＋ 福神漬醬 → P.082

🍃 手腳冰冷時

除了被公認為對手腳冰冷最有效的生薑之外，可可粉所富含的可可鹼也具有能與生薑匹敵的促進血液循環效果。迷迭香則是對於冷底體質很有效果的香草。牛肉所富含的維生素B2具有燃燒脂肪、提高體溫的效果。

推薦的戚風蛋糕&抹醬

基本款戚風蛋糕 ＋ 生薑醬 → P.014・P.065
基本戚風蛋糕 ＋ 可可醬 → P.014・P.063
迷迭香戚風蛋糕 ＋ 奶油乳酪醬 → P.080
基本款無甜味戚風蛋糕 ＋ 芹香酸奶油 → P.070・P.098

記憶力&集中力衰退

杏仁富含許多抗氧化與抗糖化的成分，是具有提昇記憶力與集中力效果的「超級食物」。鰻魚則富含具有DHA/EPA的OMEGA-3，可提昇記憶力、觀察力與學習力。

推薦的戚風蛋糕&抹醬

基本款戚風蛋糕	＋ 杏仁醬	→ P.014・P.065
Speculoos戚風蛋糕	＋ 義式咖啡醬	→ P.050
煙燻胡椒戚風蛋糕	＋ 巴西里醬	→ P.072
橄欖戚風蛋糕	＋ 鰻香高麗菜醬	→ P.084

容易便秘

要改善便秘，多攝取膳食纖維是非常重要的。豆渣不但富含高蛋白質且低熱量，更含有大量的膳食纖維。全麥粉則有低筋麵粉三倍左右的膳食纖維，亦含有鐵與維生素B1。黑棗可以整腸健胃，而糙米除了含有膳食纖維之外，更有豐富的GABA、礦物質、維生素。

推薦的戚風蛋糕&抹醬

豆渣戚風蛋糕	＋ 花生醬	→ P.024
全麥戚風蛋糕	＋ 楓糖醬	→ P.028
紅茶戚風蛋糕	＋ 白蘭地黑棗醬	→ P.042
糙米戚風	＋ 爽口梅干醬	→ P.090

飲食不正常

富含必須胺基酸的甜酒既是發酵食品，也是飲食不均衡的救星。小松菜戚風蛋糕若搭配上含有蛋或優格的醬料時，就能輕易同時攝取到三大營養素&蔬菜。

推薦的戚風蛋糕&抹醬

基本款戚風蛋糕	＋ 甜酒醬	→ P.014・P.062
優格戚風蛋糕	＋ 藍莓醬	→ P.048
小松菜戚風蛋糕	＋ 優格蛋醬	→ P.086
基本款無甜味戚風蛋糕	＋ 番茄辣醬	→ P.070・P.097

睡眠品質不佳

煉乳具有調節自律神經運作且具放鬆身心的效果。柚子的香氣則有鎮靜、安眠的效果，毛豆可緩解因攝取酒精而導致睡眠品質不良的狀況，而蘭姆葡萄可達到些許微醺效果，有助於睡眠。

推薦的戚風蛋糕&抹醬

玉米粉戚風蛋糕	＋ 煉乳醬	→ P.030
基本款戚風蛋糕	＋ 蘭姆葡萄醬	→ P.014・P.036
基本款戚風蛋糕	＋ 柚子醬	→ P.014・P.037
基本款無甜味戚風蛋糕	＋ 毛豆起司醬	→ P.070・P.097

壓力過大

焙茶的香氣具有寧神的效果，搭配和三盆糖的甜味，可紓緩壓力。小茴香與蒔蘿的芬芳也有助於轉換情緒。鮭魚所含的蝦紅素可去除因為壓力所產生的自由基，牛磺酸則可恢復疲勞。

推薦的戚風蛋糕&抹醬

和三盆糖戚風蛋糕	＋ 焙茶醬	→ P.052
檸檬戚風蛋糕	＋ 蜂蜜醬	→ P.058
小茴香戚風蛋糕	＋ 芒斯特起司醬	→ P.074
蒔蘿戚風蛋糕	＋ 檸檬佐蒔蘿醬	→ P.088

The Book of Mini Chiffon Cakes and Dips

Contents

002　前言

004　迷你戚風蛋糕到底有多「迷你」呢？

005　迷你戚風的獨特吃法

008　改善身體狀況的迷你戚風&抹醬

Part 1

原味戚風&抹醬

014　基本款戚風蛋糕

016　奶油戚風蛋糕 + 核桃醬

018　橄欖油戚風蛋糕 + 巴薩米克紅酒醋奶霜醬

020　豆漿戚風蛋糕 + 紅豆醬

022　膠原蛋白戚風蛋糕 + 無花果醬

024　豆渣戚風蛋糕 + 花生醬

026　米粉戚風蛋糕 + 黑糖蜜黃豆粉醬

028　全麥戚風蛋糕 + 楓糖醬

030　玉米粉戚風蛋糕 + 煉乳醬

032　麵麩戚風蛋糕 + 南瓜醬

適合搭配原味戚風的抹醬

034　卡士達醬・杏仁甜酒醬

035　草莓醬・甘納豆醬

036　蘭姆葡萄醬・黑糖醬

037　栗子醬・柚子醬

Part 2

甜味戚風&抹醬

040　香蕉戚風蛋糕 + 肉桂醬

042　紅茶戚風蛋糕 + 白蘭地黑棗醬

044　椰子戚風蛋糕 + 鳳梨醬

046　抹茶戚風蛋糕 + 可可餅乾醬

048　優格戚風蛋糕 + 藍莓醬

050　Speculoos戚風蛋糕 + 義式咖啡醬

052　和三盆糖戚風蛋糕 + 焙茶醬

054　鹽味香草戚風蛋糕 + 焦糖醬

056　竹碳戚風蛋糕 + 黑芝麻醬

058　檸檬戚風蛋糕 + 蜂蜜醬

060　摩卡戚風蛋糕 + 櫻桃白蘭地醬

適合搭配甜味戚風的抹醬

062　蘋果醬・甜酒醬

063　可可醬・芒果醬

064　巧克力豆醬・牛奶醬

065　生薑醬・杏仁醬

066　戚風蛋糕的歷史&營養價值

Part 3

無甜味戚風＆抹醬

070　基本款無甜味戚風蛋糕

072　煙燻胡椒戚風蛋糕 ＋ 巴西利醬

074　小茴香戚風蛋糕 ＋ 芒斯特起司醬

076　納豆戚風蛋糕 ＋ 芥末醬

078　羅勒戚風蛋糕 ＋ 番茄醬

080　迷迭香戚風蛋糕 ＋ 奶油乳酪醬

082　咖哩戚風蛋糕 ＋ 福神漬醬

084　橄欖戚風蛋糕 ＋ 鰻香高麗菜醬

086　小松菜戚風蛋糕 ＋ 優格蛋醬

088　蒔蘿戚風蛋糕 ＋ 檸檬佐蒔蘿醬

090　糙米戚風蛋糕 ＋ 爽口梅干醬

092　洋蔥風味風蛋糕 ＋ 切達起司醬

適合搭配無甜味戚風的抹醬

094　檸檬芹香醬・顆粒芥末醬

095　酪梨醬・海苔醬

096　馬鈴薯泥醬・醬香奶油醬

097　番茄辣醬・毛豆起司醬

098　芹香酸奶油・麵露醬

Part 4

變身款戚風蛋糕

102　可可戚風蛋糕卷

104　戚風鬆餅

106　方塊戚風蛋糕

108　戚風脆餅

Part 5

裝飾款戚風蛋糕

112　鮮奶油草莓戚風蛋糕

114　檸檬糖霜磅蛋糕

116　沙瓦琳

118　戚風疊疊杯

120　戚風提拉米蘇

122　作出鬆軟戚風的訣竅

享用戚風蛋糕的好時機

124　當作午餐帶著走

125　帶著戚風蛋糕去野餐

126　以戚風蛋糕為主題的派對

[本書的使用條件]

＊戚風蛋糕避開高溫處可常溫保存2日，冷凍則可長達5日。常溫保存時，請盡量避免水分流失與沾染灰塵；冷凍保存時，為了防止乾燥與吸附異味，請放入密閉容器再冷凍，食用時以常溫解凍。　＊本書是使用直徑12cm的戚風烤模，部分食譜也使用其他種模具。　＊烘烤時間僅供參考，請依使用烤箱的特性作調整。　＊1大匙為15ml，1小匙為5ml。　＊根據使用食材與製造商的不同，水分與糖分的含量會有所不同，請依各食譜調整水分與糖分。

part1
原味戚風&
抹醬

首先學會基本款戚風蛋糕
的製作方法。
再試著使用各種粉類
搭配不同油品，
製作出各種不同風味的
戚風蛋糕吧！

基本款戚風蛋糕

微甜＆鬆軟，
是最基本的戚風口味了。

（材料）※蛋素

蛋黃	尺寸L·1個
砂糖	1小匙
低筋麵粉	20g
植物油	15cc
水	15cc
蛋白	尺寸L·1個
砂糖	15g

（作法）

① 將蛋白倒入沒有沾到水氣與油漬的調理盆內打發。大約五分發時，將15g砂糖分兩次加入，再繼續打發。… Ⓐ

② 打發至呈現光澤且可拉出尖角的程度後，將調理盆移至冰箱冷藏。… Ⓑ

③ 以打發用打蛋器將蛋黃與一小匙砂糖攪拌均勻。… Ⓒ

④ 將植物油與水加入③攪拌均勻。… Ⓓ

⑤ 將事先過篩兩次的低筋麵粉加入④，輕輕攪拌均勻，以避免出筋。

⑥ 從冰箱取出打發完成的蛋白，將1/2的量加入⑤，以打蛋器確實均勻混合。… Ⓔ

⑦ 將剩餘的蛋白加入⑥，再以刮刀輕輕的攪拌均勻，避免破壞打發的蛋白霜。混合的訣竅在於以刮刀由調理盆底部將材料往上翻。… Ⓕ

⑧ 將⑦倒入戚風模中，放入預熱至170℃的烤箱內，烘烤20分鐘。… Ⓖ

⑨ 烘烤的參考時間為20分鐘，若蛋糕已呈現漂亮的烤色，即可從烤箱中取出，倒置於有高度的物體上降溫。… Ⓗ

⑩ 初步降溫後，以塑膠袋包裹整個蛋糕模並維持倒立狀態防止乾燥，直至完全冷卻（冷卻時間依季節有所不同，通常為半天時間）。

⑪ 將脫模刀插入蛋糕體與蛋糕模之間沿著圓周劃一圈，分離蛋糕體與蛋糕模。

⑫ 中空管周圍以竹籤等細長物體以相同方式分離，再倒扣取出蛋糕。

⑬ 底部則以脫模刀抵住中空管，以上述相同的作法分離蛋糕體與蛋糕模，最後取下活動底板。… Ⓘ

 Ⓐ
 Ⓑ
 Ⓒ
 Ⓓ
 Ⓔ
 Ⓕ
 Ⓖ
 Ⓗ
 Ⓘ

奶油戚風蛋糕

將油類替換成奶油，戚風蛋糕的風貌也隨之轉變，
原本輕盈的口感因此變得厚實而濃郁。

（ 材料 ）※蛋奶素

蛋黃	尺寸L・1個
砂糖	1小匙
低筋麵粉	20g
融化奶油	15cc
水	15cc
蛋白	尺寸L・1個
砂糖	15g

（ 作法 ）

① 將蛋白倒入調理盆內打發。大約五分發時，將15g砂糖分兩次加入，再繼續打發。直至呈現光澤且可拉出尖角的程度後，將調理盆移至冰箱冷藏。

② 以打發用打蛋器，將蛋黃與一小匙砂糖沿盆底摩擦攪拌，再加入融化奶油與水充分攪拌。 … Ⓐ

③ 將事先過篩兩次的低筋麵粉加入②，輕輕攪拌均勻，以避免出筋。

④ 從冰箱拿出打發好的蛋白，將1/2的量加入③，以打蛋器確實均勻混合。

⑤ 將剩餘的蛋白加入④，以刮刀輕輕的攪拌均勻，避免破壞打發的蛋白霜。

Ⓐ

⑥ 將⑤倒入戚風模中，放入預熱至170℃的烤箱內，烘烤20分鐘。

⑦ 烤至蛋糕上色後，由烤箱取出，倒置於有一定高度的物體上降溫。

⑧ 初步降溫後，以塑膠袋包裹整個蛋糕模，並維持倒立狀態以防乾燥，直至完全冷卻。

⑨ 將脫模刀插入蛋糕體與蛋糕模之間沿著圓周劃一圈，分離蛋糕體與蛋糕模。中空管周圍以竹籤等細長物體以相同方式分離，再倒扣取出蛋糕。底部以脫模刀抵住中空管，以上述相同的方式分離蛋糕體與蛋糕模，再取下活動底板。

核桃醬

香噴噴的核桃與奶油乳酪的組合搭配，
是最基礎的抹醬。

（ 材料 ）※奶素

奶油乳酪	3大匙
胡桃	3粒
檸檬汁	1小匙
胡椒鹽	1小撮

（ 作法 ）

① 將奶油乳酪置於室溫下，使其軟化，再加入檸檬汁與胡椒鹽攪拌均勻。

② 胡桃略炒過後，以手剝成容易入口的尺寸。

③ 將②加入①中攪拌均勻即可。… Ⓑ

Ⓑ

橄欖油戚風蛋糕

比起一加熱香味就消散的特級初榨橄欖油，
選擇烹飪用橄欖油更為適合喔！

（材料）※蛋素

蛋黃	尺寸L・1個
砂糖	1小匙
低筋麵粉	20g
橄欖油（非特級初榨橄欖油）	15cc
水	15cc
蛋白	尺寸L・1個
砂糖	15g

（作法）

① 將蛋白倒入調理盆內打發。大約五分發時，將15g砂糖分兩次加入，再繼續打發。至呈現光澤且可拉出尖角的程度後，將調理盆移至冰箱冷藏。

② 以打發用打蛋器將蛋黃與一小匙砂糖沿盆底摩擦攪拌，再加入橄欖油與水充分攪拌。… Ⓐ

③ 將事先過篩兩次的低筋麵粉加入②，輕輕攪拌均勻，以避免出筋。

④ 從冰箱取出打發完成的蛋白，將1/2的量加入③，以打蛋器確實均勻混合。

⑤ 將剩餘的蛋白加入④，以刮刀輕輕的攪拌均勻，避免破壞打發的蛋白霜。

Ⓐ

⑥ 將⑤倒入戚風模中，放入預熱至170℃的烤箱內，烘烤20分鐘。

⑦ 烤至蛋糕上色後，從烤箱取出，倒置於有一定高度的物體上降溫。

⑧ 初步降溫後，以塑膠袋包裹整個蛋糕模，並維持倒立狀態以防乾燥，直至完全冷卻。

⑨ 將脫模刀插入蛋糕體與蛋糕模之間，沿著圓周劃一圈，分離蛋糕體與蛋糕模。中空管周圍以竹籤等細長物體以相同方式分離，再倒扣取出蛋糕。底部則以脫模刀抵住中空管，以上述相同的方式分離蛋糕體與蛋糕模，再取下活動底板。

巴薩米克紅酒醋奶霜醬

巴薩米克醬是將巴薩米克紅酒醋加熱成濃稠狀，
其甜度與濃郁的風味很適合搭配清淡的戚風蛋糕喔！

（材料）※奶素

巴薩米克醬	1大匙
馬斯卡彭起司	3大匙
鹽	1小撮

Ⓑ

（作法）

① 混合全部材料。… Ⓑ

② 稍微攪拌成大理石花紋，或全部攪拌均勻後享用都很不錯喔！

豆漿戚風蛋糕

也可以改用有甜味或是各種口味的豆漿替代。
但此時必須將砂糖的分量降低約一成。

（ 材料 ）※蛋素

蛋黃	尺寸L・1個
砂糖	1小匙
低筋麵粉	20g
植物油	15cc
成分無調整豆乳	15cc
蛋白	尺寸L・1個
砂糖	15g

Ⓐ

（ 作法 ）

① 將蛋白倒入調理盆內打發。大約五分發時將15g砂糖分兩次加入，再繼續打發。直至呈現光澤且可拉出尖角的程度後，將調理盆移至冰箱冷藏。

② 以打發用打蛋器，將蛋黃與一小匙砂糖沿盆底摩擦攪拌，再加入植物油與豆漿充分攪拌。 … Ⓐ

③ 將事先過篩兩次的低筋麵粉加入②，輕輕攪拌均勻，以避免出筋。

④ 從冰箱拿出打發好的蛋白，將1/2的量加入③，以打蛋器確實均勻混合。

⑤ 將剩餘的蛋白加入④，以刮刀輕輕的攪拌均勻，避免破壞打發的蛋白霜。

⑥ 將⑤倒入戚風模中，放入預熱至170℃的烤箱內，烘烤20分鐘。

⑦ 烤至蛋糕上色後，從烤箱取出，倒置於有一定高度的物體上降溫。

⑧ 初步降溫後，以塑膠袋包裹整個蛋糕模，並維持倒立狀態以防乾燥，直至完全冷卻。

⑨ 將脫模刀插入蛋糕體與蛋糕模之間沿著圓周劃一圈，分離蛋糕體與蛋糕模。中空管周圍以竹籤等細長物體以相同方式分離，再倒扣取出蛋糕。底部則以脫模刀抵住中空管，以上述相同的方式分離蛋糕體與蛋糕模，再取下活動底板。

紅豆醬

紅豆搭配煉乳就成了一道美味醬料，
煉乳的分量請依紅豆的甜度調整。

（ 材料 ）※奶素

紅豆餡（市售成品）	1大匙
奶油乳酪	3大匙
煉乳	2小匙

（ 作法 ）

① 將奶油乳酪放置於室溫使其軟化。

② 均勻混合全部材料即可。… Ⓑ

Ⓑ

膠原蛋白戚風蛋糕

只要加入市售的膠原蛋白粉，
就能夠提昇「吃美食也能變漂亮」的效果喔！

（ 材料 ）※蛋素

蛋黃	尺寸L・1個
砂糖	1小匙
低筋麵粉	18g
膠原蛋白粉	1大匙
植物油	15cc
水	20cc
蛋白	尺寸L・1個
砂糖	15g

（ 作法 ）

① 將蛋白倒入調理盆內打發。大約五分發時，將15g砂糖分兩次加入，再繼續打發。直至呈現光澤且可拉出尖角的程度後，將調理盆移至冰箱冷藏。

② 以打發用打蛋器，將蛋黃與一小匙砂糖沿盆底摩擦攪拌，再加入植物油、水與膠原蛋白粉充分攪拌。⋯Ⓐ

③ 將事先過篩兩次的低筋麵粉加入②，輕輕攪拌均勻，以避免出筋。

④ 從冰箱拿出打發好的蛋白，將1/2的量加入③，以打蛋器確實均勻混合。

⑤ 將剩餘的蛋白加入④，以刮刀輕輕的攪拌均勻，避免破壞打發的蛋白霜。

Ⓐ

⑥ 將⑤倒入戚風模中，放入預熱至170℃的烤箱內，烘烤20分鐘。

⑦ 烤至蛋糕上色後，從烤箱取出，倒置於有一定高度的物體上降溫。

⑧ 初步降溫後，以塑膠袋包裹整個蛋糕模，並維持倒立狀態以防乾燥，直到完全冷卻。

⑨ 將脫模刀插入蛋糕體與蛋糕模之間沿著圓周劃一圈，分離蛋糕體與蛋糕模。中空管周圍以竹籤等細長物以相同方式分離，再倒扣取出蛋糕。底部則以脫模刀抵住中空管，以上述相同的方式分離蛋糕體與蛋糕模，再取下活動底板。

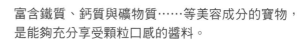

無花果醬

富含鐵質、鈣質與礦物質⋯⋯等美容成分的寶物，
是能夠充分享受顆粒口感的醬料。

（ 材料 ）※奶素

無花果乾	大型1顆
瑞可達起司	3大匙

（ 作法 ）

① 以廚房紙巾將無花果乾表面擦拭乾淨，切丁。

② 混合瑞可達起司與①即可。⋯Ⓑ

Ⓑ

豆渣戚風蛋糕

是富含膳食纖維與蛋白質的一款戚風蛋糕，
確實打發蛋白是維持輕盈口感的關鍵喔！

（ 材料 ）※蛋素

蛋黃	尺寸L‧1個
砂糖	1小匙
低筋麵粉	17g
豆渣粉	3g
植物油	15cc
水	20cc
蛋白	尺寸L‧1個
砂糖	15g

（ 作法 ）

① 將蛋白倒入調理盆內打發。大約五分發時，將15g砂糖分兩次加入，再繼續打發。直至呈現光澤且可拉出尖角的程度後，將調理盆移至冰箱冷藏。

② 以打發用打蛋器，將蛋黃與一小匙砂糖沿盆底摩擦攪拌，再加入植物油與水充分攪拌。

③ 將事先混合好並過篩兩次的低筋麵粉與豆渣粉加入②，輕輕攪拌均勻，以避免出筋。⋯ Ⓐ

④ 從冰箱拿出打發好的蛋白，將1/2的量加入③，以打蛋器確實均勻混合。

⑤ 將剩餘的蛋白加入④，以刮刀輕輕的攪拌均勻，避免破壞打發的蛋白霜。

⑥ 將⑤倒入戚風模中，放入預熱至170℃的烤箱內，烘烤20分鐘。

⑦ 烘烤的參考時間為20分鐘，烤至蛋糕上色後，就可從烤箱取出，倒置於有一定高度的物體上降溫。

⑧ 初步降溫後，以塑膠袋包裹整個蛋糕模，並維持倒立狀態以防乾燥，直到完全冷卻。

⑨ 將脫模刀插入蛋糕體與蛋糕模之間沿著圓周劃一圈，分離蛋糕體與蛋糕模。中空管周圍運以竹籤等細長物體以相同方式分離，再倒扣取出蛋糕。底部則以脫模刀抵住中空管，以上述相同的方式分離蛋糕體與蛋糕模，再取下活動底板。

Ⓐ

花生醬

不論是滑順或濃郁的口感，
就挑選自己喜歡的種類來製作吧！

（ 材料 ）※純素

花生醬	2大匙
香蕉	7cm左右

（ 作法 ）

① 將香蕉去皮，以叉子背面壓成泥狀。

② 均勻混合花生醬與①即可。⋯ Ⓑ

Ⓑ

米粉戚風蛋糕

比起只使用低筋麵粉的戚風蛋糕口感更加細緻濕潤，
正因為是最單純的配方，更能品味出食材的差異。

（ 材料 ）※蛋素

蛋黃	尺寸L・1個
砂糖	1小匙
低筋麵粉	10g
米粉	10g
植物油	15cc
水	15cc
蛋白	尺寸L・1個
砂糖	15g

（ 作法 ）

① 將蛋白倒入調理盆內打發。大約五分發時，將15g砂糖分兩次加入，再繼續打發。直至呈現光澤且可拉出尖角的程度後，將調理盆移至冰箱冷藏。

② 以打發用打蛋器，將蛋黃與一小匙砂糖沿盆底摩擦攪拌，再加入植物油與水充分攪拌。

③ 將事先混合好並過篩兩次的低筋麵粉與米粉加入②，輕輕攪拌均勻，以避免出筋。… Ⓐ

④ 從冰箱取出打發完成的蛋白，將1/2的量加入③，以打蛋器確實勻混合。

⑤ 將剩餘的蛋白分兩次加入④，以刮刀輕輕的攪拌均勻，避免破壞打發的蛋白霜。

⑥ 將⑤倒入戚風模中，放入預熱至170℃的烤箱內，烘烤20分鐘。

⑦ 烤至蛋糕上色後，從烤箱取出，倒置於有一定高度的物體上降溫。

⑧ 初步降溫後，以塑膠袋包裹整個蛋糕模，並維持倒立狀態以防乾燥，直到完全冷卻。

⑨ 將脫模刀插入蛋糕體與蛋糕模之間沿著圓周劃一圈，分離蛋糕體與蛋糕模。中空管周圍使以竹籤等細長物體以相同方式分離，再倒扣取出蛋糕。底部則以脫模刀抵住中空管，以上述相同的方式分離蛋糕體與蛋糕模，再取下活動底板。

黑糖蜜黃豆粉醬

和風食材的黃金組合，呈現出懷舊風情。
不將黃豆粉混入醬料內，最後再撒上的作法也很美味喔！

（ 材料 ）※奶素

黑糖蜜	2大匙
脫水優格	2大匙
黃豆粉	1大匙

（ 作法 ）

① 於鋪有廚房紙巾或是咖啡濾紙的篩網中，放入市售無糖優格，冷藏一晚製成脫水優格。

② 均勻混合所有材料即可。… Ⓑ

全麥戚風蛋糕

富含膳食纖維與維生素的健康戚風蛋糕。
品嚐時，小麥豐富的香氣會在口中擴散開來。

（材料）※蛋素

蛋黃	尺寸L‧1個
砂糖	1小匙
低筋麵粉	12g
全麥麵粉	8g
植物油	15cc
水	15cc
蛋白	尺寸L‧1個
砂糖	15g

（作法）

① 將蛋白倒入調理盆內打發。大約五分發時，將15g砂糖分兩次加入，再繼續打發。直至呈現光澤且可拉出尖角的程度後，將調理盆移至冰箱冷藏。

② 以打發用打蛋器，將蛋黃與一小匙砂糖沿盆底摩擦攪拌，再加入植物油與水充分攪拌。

③ 將事先混合好並過篩兩次的低筋麵粉與全麥麵粉加入②，輕輕攪拌均勻，以避免出筋。… Ⓐ

④ 從冰箱取出打發完成的蛋白，將1/2的量加入③，以打蛋器確實均勻混合。

⑤ 將剩餘的蛋白分兩次加入④，以刮刀輕輕的攪拌均勻，避免破壞打發的蛋白霜。

⑥ 將⑤倒入戚風模中，放入預熱至170℃的烤箱內，烘烤20分鐘。

⑦ 烤至蛋糕上色後，從烤箱取出，倒置於有一定高度的物體上降溫。

⑧ 初步降溫後，以塑膠袋包裹整個蛋糕模，並維持倒立狀態以防乾燥，直到完全冷卻。

⑨ 將脫模刀插入蛋糕體與蛋糕模之間沿著圓周劃一圈，分離蛋糕體與蛋糕模。中空管周圍使以竹籤等細長物體以相同方式分離，再倒扣取出蛋糕。底部則以脫模刀抵住中空管，以上述相同的方式分離蛋糕體與蛋糕模，再取下活動底板。

Ⓐ

楓糖醬

能夠引出楓糖樸實甜味的一款抹醬，
無論搭配什麼口味的戚風蛋糕都非常適合喔！

（材料）※奶素

奶油乳酪	3大匙
楓糖漿	1大匙
楓糖粒（可有可無）	依個人喜好撒於表面作裝飾

（作法）

① 均勻混合所有材料即可。… Ⓑ

Ⓑ

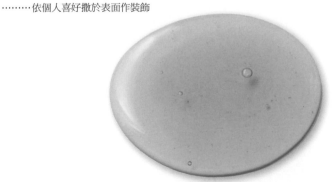

玉米粉戚風蛋糕

可以享受到粗玉米粉顆粒口感的爽口戚風蛋糕，
可愛的黃色更是讓人元氣滿滿。

（ 材料 ）※蛋素

蛋黃	尺寸L‧1個
砂糖	1小匙
低筋麵粉	15g
粗玉米粉	8g
植物油	15cc
水	15cc
蛋白	尺寸L‧1個
砂糖	15g

（ 作法 ）

① 將蛋白倒入調理盆內打發。大約五分發時，將15g砂糖分兩次加入，再繼續打發。直至呈現光澤且可拉出尖角的程度後，將調理盆移至冰箱冷藏。

② 以打發用打蛋器，將蛋黃與一小匙砂糖沿盆底摩擦攪拌，再加入植物油與水充分攪拌。

③ 將事先混合好並過篩兩次的低筋麵粉與粗玉米粉加入②，輕輕攪拌均勻，以避免出筋。… Ⓐ

④ 從冰箱取出打發完成的蛋白，將1/2的量加入③，以打蛋器確實均勻混合。

⑤ 將剩餘的蛋白分兩次加入④，以刮刀輕輕的攪拌均勻，避免破壞打發的蛋白霜。

⑥ 將⑤倒入戚風模中，放入預熱至170℃的烤箱內，烘烤20分鐘。

⑦ 烘烤參考時間為20分鐘，烤至蛋糕上色後，即可從烤箱取出，倒置於有一定高度的物體上降溫。

⑧ 初步降溫後，以塑膠袋包裹整個蛋糕模，並維持倒立狀態以防乾燥，直到完全冷卻。

⑨ 將脫模刀插入蛋糕體與蛋糕模之間沿著圓周劃一圈，分離蛋糕體與蛋糕模。中空管周圍使以竹籤等細長物體以相同方式分離，再倒扣取出蛋糕。底部則以脫模刀抵住中空管，以上述相同的方式分離蛋糕體與蛋糕模，再取下活動底板。

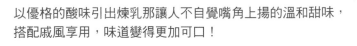

煉乳醬

以優格的酸味引出煉乳那讓人不自覺嘴角上揚的溫和甜味，
搭配戚風享用，味道變得更加可口！

（ 材料 ）※奶素

煉乳	2大匙
脫水優格	2大匙

（ 作法 ）

① 於鋪有廚房紙巾或咖啡濾紙的篩網中，放入市售無糖優格，冷藏一晚製成脫水優格。

② 均勻混合所有材料即可。… Ⓑ

麵麩戚風蛋糕

富含礦物質的麵麩屬於小麥顆粒的表皮，
是能夠整腸健胃的膳食纖維，其含量在穀物之中也是數一數二的。

（材料）※蛋素

蛋黃	尺寸L・1個
砂糖	1小匙
低筋麵粉	15g
麩皮粉	8g
植物油	15cc
水	20cc
蛋白	尺寸L・1個
砂糖	15g

Ⓐ

（作法）

① 將蛋白倒入調理盆內打發。大約五分發時，將15g砂糖分兩次加入，再繼續打發。直至呈現光澤且可拉出尖角的程度後，將調理盆移至冰箱冷藏。

② 以打發用打蛋器，將蛋黃與一小匙砂糖沿盆底摩擦攪拌，再加入植物油與水充分攪拌。

③ 將事先過篩兩次的低筋麵粉與麩皮粉加入②，輕輕攪拌均勻，以避免出筋。… Ⓐ

④ 從冰箱拿出打發好的蛋白，將1/2的量加入③，以打蛋器確實均勻混合。

⑤ 將剩餘的蛋白分兩次加入④，以刮刀輕輕的攪拌均勻，避免破壞打發的蛋白霜。

⑥ 將⑤倒入戚風模中，放入預熱至170℃的烤箱內，烘烤20分鐘。

⑦ 烤至蛋糕上色後，從烤箱取出，倒置於有一定高度的物體上降溫。

⑧ 初步降溫後，以塑膠袋包裹整個蛋糕模，並維持倒立狀態以防乾燥，直至完全冷卻。

⑨ 將脫模刀插入蛋糕體與蛋糕模之間沿著圓周劃一圈，分離蛋糕體與蛋糕模。中空管周圍使以竹籤等細長物體以相同方式分離，再倒扣取出蛋糕。底部則以脫模刀抵住中空管，以上述相同的方式分離蛋糕體與蛋糕模，再取下活動底板。

南瓜醬

融合了兩種起司的南瓜醬，
是一道營養滿分的可口醬料。

（材料）※奶素

南瓜泥	1大匙
奶油乳酪	2大匙
切達起司	切成骰子塊狀 1大匙

（作法）

① 混合所有材料即可。… Ⓑ

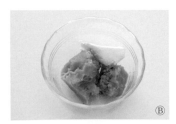
Ⓑ

原味戚風&抹醬

卡士達醬

卡式達奶油醬非常適合風味樸實的戚風蛋糕，
食譜是以容易製作的一個蛋黃分量所設計的。

（ 材料 ）※蛋素

蛋黃	尺寸S・1個
牛乳	100cc
砂糖	35g
低筋麵粉	1大匙
香草精	2滴

（ 作法 ）

① 於耐熱容器中，以摩擦底部的方式混合蛋黃與砂糖。… Ⓐ
② 加入低筋麵粉再均勻混合。… Ⓑ
③ 加入牛奶，攪拌至呈現滑順狀態。
④ 不覆蓋保鮮膜，以微波爐加熱一分鐘後取出，並均勻混合。
⑤ 再次加熱三十秒，取出混合。一直重複此步驟，直至濃稠度剛好為止。
⑥ 加入兩滴草精混合後，趁熱使用細網目濾網過篩即可。… Ⓒ

杏仁甜酒醬

以香氣類似杏仁的杏仁香甜酒製作醬料，
為了避免油水分離，奶油需先放置室溫軟化。

（ 材料 ）※奶素

杏仁甜酒	1大匙
奶油霜	3大匙

（ 作法 ）

① 將放置室溫軟化的奶油打發。
② 加入杏仁香甜酒繼續打發即可。… Ⓓ

草莓醬

酸甜的滋味與可愛的顏色是讓人感到雀躍的一道醬料，
脫水優格也可以小包裝的市售品代替。

（ 材料 ）※奶素

草莓果醬（低糖多果肉）……2大匙
脫水優格…………………………2大匙
白酒………依個人喜好可加入1小匙
檸檬汁……………………………1小匙

（ 作法 ）

① 於有鋪上廚房紙巾或是咖啡濾紙
　的篩網中，放入市售無糖優格，
　冷藏一晚製作脫水優格。
② 均勻混合所有材料即可。… Ｅ

甘納豆醬

甘納豆可依個人喜好壓碎再加入也 OK！
是一道甜味與酸味恰到好處的醬料。

（ 材料 ）※奶素

甘納豆…………………………… 2大匙
酸奶油…………………………… 2大匙

（ 作法 ）

① 均勻混合所有材料即可。… Ｆ

適合搭配原味戚風的醬料

蘭姆葡萄醬

加入些許粗磨胡椒提味，
是帶有些許刺激性的成熟風味。

（ 材料 ）※奶素

蘭姆葡萄⋯⋯⋯⋯⋯⋯⋯⋯ 1大匙
奶油霜⋯⋯⋯⋯⋯⋯⋯⋯⋯ 3大匙
粗磨胡椒⋯⋯⋯⋯⋯⋯⋯⋯ 1小撮

（ 作法 ）

① 將奶油放置室溫軟化。
② 均勻混合所有材料即可。⋯ Ⓐ

黑糖醬

正因戚風蛋糕口味清爽，
搭配具有深度的黑糖醬料就更加美味了。

（ 材料 ）※奶素

奶油乳酪⋯⋯⋯⋯⋯⋯⋯⋯ 3大匙
黑砂糖⋯⋯⋯⋯⋯⋯⋯⋯⋯ 1大匙
白蘭地⋯⋯ 依個人喜好可加入1小匙

（ 作法 ）

① 均勻混合所有材料即可。⋯ Ⓑ

栗子醬

使用市售甘栗與栗子醬製作，
原本工序繁複的栗子醬料也能輕鬆完成！

（ 材料 ） ※奶素

栗子醬	2大匙
馬斯卡彭起司	1大匙
甘栗	3粒
白蘭地	依個人喜好可加入少許

（ 作法 ）

① 切碎甘栗。

② 與其他材料均勻混合即可。… Ⓒ

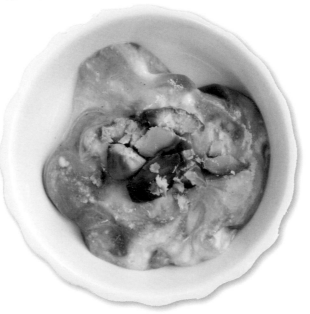

柚子醬

想要搭配口感較輕盈的醬料時，
可以試著以脫水優格取代奶油乳酪。

（ 材料 ） ※奶素

柚子醬	2大匙
橘子果汁	2小匙
奶油乳酪	2大匙

（ 作法 ）

① 將奶油乳酪放置室溫軟化。

② 均勻混合所有材料即可。… Ⓓ

part 2
甜味戚風 &
抹醬

各種口味的戚風蛋糕
搭配充滿個性的醬料，
每一道食譜
都是以一顆蛋可製作的
分量所設計的。

香蕉戚風蛋糕

請選擇已經出現黑斑的全熟香蕉來製作。
撕下一塊香蕉戚風，輕柔觸感與香氣隨之撲鼻而來……

（ 材料 ）※蛋素

蛋黃	尺寸L・1個
砂糖	1小匙
低筋麵粉	20g
植物油	5cc
水	5cc
香蕉	壓成泥狀20g
蛋白	尺寸L・1個
砂糖	15g

（ 作法 ）

① 將蛋白倒入調理盆內打發。大約五分發時，將15g砂糖分兩次加入，再繼續打發。直至呈現光澤且可拉出尖角的程度後，將調理盆移至冰箱冷藏。

② 以打發用打蛋器，將蛋黃與一小匙砂糖沿盆底摩擦攪拌，再加入植物油、水與壓成泥狀的香蕉充分攪拌。… Ⓐ

③ 將事先過篩兩次的低筋麵粉加入②，輕輕攪拌均勻，以避免出筋。

④ 從冰箱拿出打發好的蛋白，將1/2的量加入③，以打蛋器確實均勻混合。

⑤ 將剩餘的蛋白加入④，以刮刀輕輕的攪拌均勻，避免破壞打發的蛋白霜。

Ⓐ

⑥ 將⑤倒入戚風模中，放入預熱至170℃的烤箱內，烘烤20分鐘。

⑦ 烤至蛋糕上色後，從烤箱取出，倒置於有一定高度的物體上降溫。

⑧ 初步降溫後，以塑膠袋包裹整個蛋糕模，並維持倒立狀態以防乾燥，直至完全冷卻。

⑨ 將脫模刀插入蛋糕體與蛋糕模之間沿著圓周劃一圈，分離蛋糕體與蛋糕模。中空管周圍使以竹籤等細長物體以相同方式分離，再倒扣取出蛋糕。底部則以脫模刀抵住中空管，以上述相同的方式分離蛋糕體與蛋糕模，再取下活動底板。

肉桂醬

肉桂的香氣能活化腦部機能、提昇記憶力，
是一種能抗衰老＆減肥的萬能香料。

（ 材料 ）※奶素

馬斯卡彭起司	3大匙
肉桂粉	1/2小匙
砂糖	1小匙

（ 作法 ）

① 均勻混合所有材料即可。… Ⓑ

Ⓑ

紅茶戚風蛋糕

同時加入紅茶茶湯與茶葉，讓茶香更加明顯。
在此推薦使用伯爵紅茶，香料茶也是很不錯的選擇喔！

（ 材料 ）※蛋素

蛋黃	尺寸L・1個
砂糖	1小匙
低筋麵粉	20g
植物油	15cc
紅茶	15cc

・事先在15cc水加入2小匙紅茶葉加熱，製作成濃厚的紅茶茶湯

紅茶葉	1小匙
蛋白	尺寸L・1個
砂糖	18g

（ 作法 ）

① 將蛋白倒入調理盆內進行打發。大約五分發時，將15g砂糖分兩次加入，再繼續打發。直至呈現光澤且可拉出尖角的程度後，將調理盆移至冰箱冷藏。

② 以打發用打蛋器，將蛋黃與一小匙砂糖沿盆底摩擦攪拌，再加入植物油與紅茶茶湯充分攪拌。 …Ⓐ

③ 將事先過篩兩次的低筋麵粉與紅茶葉加入②，輕輕攪拌均勻，以避免出筋。

④ 從冰箱取出打發好的蛋白，將1/2的量加入③，以打蛋器確實均勻混合。

⑤ 將剩餘的蛋白分兩次加入④，以刮刀輕輕的攪拌均勻，避免破壞打發的蛋白霜。

⑥ 將⑤倒入戚風模中，放入預熱至170℃的烤箱內，烘烤20分鐘。

⑦ 烤至蛋糕上色後，從烤箱取出，倒置於有一定高度的物體上降溫。

⑧ 初步降溫後，以塑膠袋包裹整個蛋糕模，並維持倒立狀態以防乾燥，直至完全冷卻。

⑨ 將脫模刀插入蛋糕體與蛋糕模之間沿著圓周劃一圈，分離蛋糕體與蛋糕模。中空管周圍使以竹籤等細長物體以相同方式分離，再倒扣取出蛋糕。底部則以脫模刀抵住中空管，以上述相同的方式分離蛋糕體與蛋糕模，再取下活動底板。

Ⓐ

白蘭地黑棗醬

散發著白蘭地濃郁、成熟香氣的酒漬黑棗，
搭配上具有深度的凝脂奶油是一款韻味迷人的醬料。

（ 材料 ）※奶素

半乾黑棗	2個
白蘭地	1大匙
凝脂奶油 （德文郡奶油）	1大匙

（ 作法 ）

① 將白蘭地淋於黑棗上，並放入冰箱冷藏，浸泡一個晚上。…Ⓑ

② 將①切成粗末並加入凝脂奶油混合即可。

Ⓑ

Mini Chiffon Cakes and Dips

椰子戚風蛋糕

是一款非常適合作為早餐的熱帶風味戚風蛋糕。
使用的椰子絲粗細不同，呈現的口感也不一樣喔！

（ 材料 ）※蛋素

蛋黃	尺寸L・1個
砂糖	1小匙
低筋麵粉	15g
椰子絲	8g
植物油	15cc
水	15cc
蛋白	尺寸L・1個
砂糖	15g

Ⓐ

（ 作法 ）

① 將蛋白倒入調理盆內打發。大約五分發時，將15g砂糖分兩次加入，再繼續打發。直至呈現光澤且可拉出尖角的程度後，將調理盆移至冰箱冷藏。

② 以打發用打蛋器，將蛋黃與一小匙砂糖沿盆底摩擦攪拌，再加入植物油與水充分攪拌。

③ 將事先過篩兩次的低筋麵粉與椰子絲加入②，輕輕攪拌均勻，以避免出筋。… Ⓐ

④ 從冰箱取出打發好的蛋白，將1/2的量加入③，以打蛋器確實均勻混合。

⑤ 將剩餘的蛋白加入④，以刮刀輕輕的攪拌均勻，避免破壞打發的蛋白霜。

⑥ 將⑤倒入戚風模中，放入預熱至170℃的烤箱內，烘烤20分鐘。

⑦ 烤至蛋糕上色後，從烤箱取出，倒置於有一定高度的物體上降溫。

⑧ 初步降溫後，以塑膠袋包裹整個蛋糕模，並維持倒立狀態以防乾燥，直至完全冷卻。

⑨ 將脫模刀插入蛋糕體與蛋糕模之間沿著圓周劃一圈，分離蛋糕體與蛋糕模。中空管周圍使以竹籤等細長物體以相同方式分離，再倒扣取出蛋糕。底部則以脫模刀抵住中空管，以上述相同的方式分離蛋糕體與蛋糕模，再取下活動底板。

鳳梨醬

使用製作風味咖啡用的椰子糖漿與罐頭鳳梨，
即可輕鬆製作的清爽醬料。

（ 材料 ）※奶素

鳳梨（罐頭）	1/2片
椰子糖漿	1小匙
鄉村起司（泥狀）	2大匙

Ⓑ

（ 作法 ）

① 將鳳梨切粗末。

② 將其餘材料與①混合即可。… Ⓑ

抹茶戚風蛋糕

呈色美麗與微微苦味的和風戚風蛋糕，
由於抹茶粉容易結塊，製作時請確實過篩。

（材料）※蛋素

蛋黃	尺寸L・1個
砂糖	1小匙
低筋麵粉	20g
抹茶粉	1小匙
植物油	15cc
水	15cc
蛋白	尺寸L・1個
砂糖	15g

（作法）

① 將蛋白倒入調理盆內打發。大約五分發時，將15g砂糖分兩次加入，再繼續打發。直至呈現光澤且可拉出尖角的程度後，將調理盆移至冰箱冷藏。

② 以打發用打蛋器，將蛋黃與一小匙砂糖沿盆底摩擦攪拌，再加入植物油與水充分攪拌。

③ 將事先混合並過篩兩次的低筋麵粉與抹茶粉加入②，輕輕攪拌均勻，以避免出筋。… Ⓐ

④ 從冰箱取出打發好的蛋白，將1/2的量加入③，以打蛋器確實均勻混合。

⑤ 將剩餘的蛋白加入④，以刮刀輕輕的攪拌均勻，避免破壞打發的蛋白霜。

⑥ 將⑤倒入戚風模中，放入預熱至170℃的烤箱內，烘烤20分鐘。

⑦ 烘烤參考時間為20分鐘，烤至蛋糕上色後，即可從烤箱取出，倒置於有高度的物體上降溫。

⑧ 初步降溫後，以塑膠袋包裹整個蛋糕模，並維持倒立狀態以防乾燥，直至完全冷卻。

⑨ 將脫模刀插入蛋糕體與蛋糕模之間沿著圓周劃一圈，分離蛋糕體與蛋糕模。中空管周圍使以竹籤等細長物體以相同方式分離，再倒扣取出蛋糕。底部則以脫模刀抵住中空管，以上述相同的方式分離蛋糕體與蛋糕模，再取下活動底板。

可可餅乾醬

建議將可可餅乾弄碎成較大的顆粒，
酥脆的口感與柔軟的戚風蛋糕形成美妙的對比。

（材料）※奶素

可可餅乾	1枚
馬斯卡彭起司	2大匙

（作法）

① 將可可餅乾搗成適當的碎粒。

② 混合全部材料即可。… Ⓑ

優格戚風蛋糕

是款清淡爽口的舒芙蕾風味戚風蛋糕，
由於添加優格，所以口感不容易變乾。

（ 材料 ）※蛋奶素

蛋黃	尺寸L・1個
砂糖	1小匙
低筋麵粉	20g
無糖優格	30cc
蛋白	尺寸L・1個
砂糖	15g

（ 作法 ）

① 將蛋白倒入調理盆內打發。大約五分發時，將15g砂糖分兩次加入，再繼續打發。直至呈現光澤且可拉出尖角的程度後，將調理盆移至冰箱冷藏。

② 以打發用打蛋器，將蛋黃與一小匙砂糖沿盆底摩擦攪拌，再加入無糖優格充分攪拌。… Ⓐ

③ 將事先過篩兩次的低筋麵粉加入②，輕輕攪拌均勻，以避免出筋。

④ 從冰箱取出打發好的蛋白，將1/2的量加入③，以打蛋器確實均勻混合。

⑤ 將剩餘的蛋白加入④，以刮刀輕輕的攪拌均勻，避免破壞打發的蛋白霜。

⑥ 將⑤倒入戚風模中，放入預熱至170℃的烤箱內，烘烤20分鐘。

⑦ 烤至蛋糕上色後，從烤箱取出，倒置於有一定高度的物體上降溫。

⑧ 初步降溫後，以塑膠袋包裹整個蛋糕模，並維持倒立狀態以防乾燥，直至完全冷卻。

⑨ 將脫模刀插入蛋糕體與蛋糕模之間沿著圓周劃一圈，分離蛋糕體與蛋糕模。中空管周圍使以竹籤等細長物體以相同方式分離，再倒扣取出蛋糕。底部則以脫模刀抵住中空管，以上述相同的方式分離蛋糕體與蛋糕模，再取下活動底板。

Ⓐ

藍莓醬

可品嚐出新鮮藍莓酸甜的一道醬料，
建議選擇低糖果醬較佳。

（ 材料 ）※奶素

藍莓	5至6粒
藍莓果醬	1大匙
脫水優格	2大匙
白酒	依個人喜好添加少許

（ 作法 ）

① 於鋪有廚房紙巾或是咖啡濾紙的篩網中，放入市售無糖優格，冷藏一晚製作脫水優格。

② 均勻混合所有材料即可。… Ⓑ

Ⓑ

Mini Chiffon Cakes and Dips

Speculoos戚風蛋糕

加入了肉桂、小豆蔻、檸檬、丁香的Speculoos餅乾粉，
原本是用來製作一種比利時薄脆餅乾的喔！

（ 材料 ）※蛋素

蛋黃	尺寸L・1個
砂糖	1小匙
低筋麵粉	20g
Speculoos餅乾粉	2小撮
植物油	15cc
水	15cc
蛋白	尺寸L・1個
砂糖	15g

（ 作法 ）

① 將蛋白倒入調理盆內打發。大約五分發時，將15g砂糖分兩次加入，再繼續打發。直至呈現光澤且可拉出尖角的程度後，將調理盆移至冰箱冷藏。

② 以打發用打蛋器，將蛋黃與一小匙砂糖沿盆底摩擦攪拌，再加入植物油與水充分攪拌。

③ 將事先混合並過篩兩次的低筋麵粉與Speculoos餅乾粉加入②，輕輕攪拌均勻，以避免出筋。… Ⓐ

④ 從冰箱取出打發好的蛋白，將1/2的量加入③，以打蛋器確實均勻混合。

⑤ 將剩餘的蛋白分兩次加入④，以刮刀輕輕的攪拌均勻，避免破壞打發的蛋白霜。

⑥ 將⑤倒入戚風模中，放入預熱至170℃的烤箱內，烘烤20分鐘。

⑦ 烤至蛋糕上色後，從烤箱取出，倒置於有一定高度的物體上降溫。

⑧ 初步降溫後，以塑膠袋包裹整個蛋糕模，並維持倒立狀態以防乾燥，直至完全冷卻。

⑨ 將脫模刀插入蛋糕體與蛋糕模之間沿著圓周劃一圈，分離蛋糕體與蛋糕模。中空管周圍使以竹籤等細長物體以相同方式分離，再倒扣取出蛋糕。底部則以脫模刀抵住中空管，以上述相同的方式分離蛋糕體與蛋糕模，再取下活動底板。

義式咖啡醬

奶油乳酪事先放置於室溫軟化，
較容易與義式咖啡拌勻。

（ 材料 ）※奶素

義式濃縮咖啡	1大匙
奶油乳酪	3大匙

（ 作法 ）

① 均勻混合所有材料即可。… Ⓑ

和三盆糖戚風蛋糕

和三盆糖獨有的優雅甜味療癒人心，
是一道口感輕柔，口味纖細的戚風蛋糕。

（ 材料 ）※蛋素

蛋黃····················	尺寸L・1個
和三盆糖····················	15g
低筋麵粉····················	20g
植物油····················	15cc
水····················	15cc
蛋白····················	尺寸L・1個
砂糖····················	8g

・和三盆糖是由日本「竹糖」甘蔗
提煉的糖種。

Ⓐ

（ 作法 ）

① 將蛋白倒入調理盆內打發。大約
五分發時，將8g砂糖加入再繼續
打發。直至呈現光澤且可拉出尖
角的程度後，將調理盆移至冰箱
冷藏。

② 以打發用打蛋器，將蛋黃與15g和
三盆糖沿盆底摩擦攪拌，再加入
植物油與水充分攪拌。… Ⓐ

③ 將事先過篩兩次的低筋麵粉香料
加入②，輕輕攪拌均勻，以避免
出筋。

④ 從冰箱取出打發好的蛋白，將1/2
的量加入③，以打蛋器確實均勻
混合。

⑤ 將剩餘的蛋白分兩次加入④，以
刮刀輕輕的攪拌均勻，避免破壞
打發的蛋白霜。

⑥ 將⑤倒入戚風模中，放入預熱至
170℃的烤箱內，烘烤20分鐘。

⑦ 烤至蛋糕上色後，從烤箱取出，
倒置於有一定高度的物體上降
溫。

⑧ 初步降溫後，以塑膠袋包裹整個
蛋糕模，並維持倒立狀態以防乾
燥，直至完全冷卻。

⑨ 將脫模刀插入蛋糕體與蛋糕模之
間沿著圓周劃一圈，分離蛋糕體
與蛋糕模。中空管周圍使以竹籤
等細長物體以相同方式分離，再
倒扣取出蛋糕。底部則以脫模刀
抵住中空管，以上述相同的方式
分離蛋糕體與蛋糕模，再取下活
動底板。

焙茶醬

焙茶香氣有助於放鬆身心，
同時富含的兒茶素，可常保美容與健康。

（ 材料 ）※奶素

濃煮焙茶茶湯····················	1大匙
奶油乳酪····················	3大匙
焙茶茶葉····················	1小匙

（ 作法 ）

① 均勻混合所有材料即可。… Ⓑ

Ⓑ

鹽味香草戚風蛋糕

鹽分能夠引出甜味與香草的香氣。
比平常多一點的鹽量,在此是沒問題的喔!

(材料)※蛋素

蛋黃	尺寸L・1個
鹽	2小撮
低筋麵粉	20g
植物油	15cc
水	15cc
香草精	1至2滴
蛋白	尺寸L・1個
砂糖	20g

Ⓐ

(作法)

① 將蛋白倒入調理盆內打發。大約五分發時將20g砂糖分兩次加入再繼續打發。直至呈現光澤且可拉出尖角的程度後,將調理盆移至冰箱冷藏。

② 以打發用打蛋器,將蛋黃與2小撮鹽沿盆底摩擦攪拌,再加入植物油、水與香草油充分攪拌。… Ⓐ

③ 將事先過篩兩次的低筋麵粉加入②,輕輕攪拌均勻,以避免出筋。

④ 從冰箱取出打發好的蛋白,將1/2的量加入③,以打蛋器確實均勻混合。

⑤ 將剩餘的蛋白加入④,以刮刀輕輕的攪拌均勻,避免破壞打發的蛋白霜。

⑥ 將⑤倒入戚風模中,放入預熱至170℃的烤箱內,烘烤20分鐘。

⑦ 烤至蛋糕上色後,從烤箱取出,倒置於有一定高度的物體上降溫。

⑧ 初步降溫後,以塑膠袋包裹整個蛋糕模,並維持倒立狀態以防乾燥,直至完全冷卻。

⑨ 將脫模刀插入蛋糕體與蛋糕模之間沿著圓周劃一圈,分離蛋糕體與蛋糕模。中空管周圍使以竹籤等細長物體以相同方式分離,再倒扣取出蛋糕。底部則以脫模刀抵住中空管,以上述相同的方式分離蛋糕體與蛋糕模,再取下活動底板。

焦糖醬

焦糖很容易燒焦,在製作時更要注意,
也要特別小心千萬別燙傷。

(材料)※奶素

砂糖	1大匙
水	1小匙
奶油乳酪	3大匙

(作法)

① 將砂糖與水放入無加蓋的耐熱容器中,加熱30秒並混合。

② 一直重複加熱10秒再取出混合的動作,製作出身色的焦糖液。… Ⓑ

③ 將奶油乳酪盛入容器中,中間挖一個洞,注入熱焦糖液即可。

Ⓑ

竹碳戚風蛋糕

給人強烈視覺衝擊的外觀是食用竹碳粉所表現出的顏色，
竹碳具有吸收、代謝腸內老廢物質的效果呢！

（ 材料 ）※蛋素

蛋黃	尺寸L‧1個
砂糖	1小匙
低筋麵粉	20g
竹碳粉	1/2小匙
植物油	15cc
水	15cc
蛋白	尺寸L‧1個
砂糖	15g

（ 作法 ）

① 將蛋白倒入內開始進行打發。大約五分發時，將15g砂糖分兩次加入再繼續打發。直至呈現光澤且可拉出尖角的程度後，將調理盆移至冰箱冷藏。

② 以打發用打蛋器，將蛋黃與一小匙砂糖沿盆底摩擦攪拌，再加入植物油與水充分攪拌。

③ 將事先混合並過篩兩次的低筋麵粉與竹碳粉加入②，輕輕攪拌均勻，以避免出筋。… Ⓐ

④ 從冰箱拿出打發好的蛋白，將1/2的量加入③，以打蛋器確實均勻混合。

⑤ 將剩餘的蛋白加入④，以刮刀輕輕的攪拌均勻，避免破壞打發的蛋白霜。

⑥ 將⑤倒入戚風模中，放入預熱至170℃的烤箱內，烘烤20分鐘。

⑦ 烤至蛋糕上色後，從烤箱取出，倒置於有一定高度的物體上降溫。

⑧ 初步降溫後，以塑膠袋包裹整個蛋糕模，並維持倒立狀態以防乾燥，直至完全冷卻。

⑨ 將脫模刀插入蛋糕體與蛋糕模之間沿著圓周劃一圈，分離蛋糕體與蛋糕模。中空管周圍使以竹籤等細長物體以相同方式分離，再倒扣取出蛋糕。底部則以脫模刀抵住中空管，以上述相同的方式分離蛋糕體與蛋糕模，再取下活動底板。

Ⓐ

黑芝麻醬

無論芝麻醬或芝麻粉皆是使用黑芝麻的純黑醬料。
芝麻富含抗氧化物，抗老效果也很不錯。

（ 材料 ）※奶素

黑芝麻醬	1大匙
黑芝麻粉	1大匙
蜂蜜	1大匙
奶油乳酪	1大匙

Ⓑ

（ 作法 ）

① 均勻混合所有材料即可。… Ⓑ

Mini Chiffon Cakes and Dips

檸檬戚風蛋糕

讓人眼睛為之一亮的檸檬香氣，
很適合當早餐或點心享用。

（材料）※蛋素

蛋黃	尺寸L・1個
砂糖	1小匙
低筋麵粉	20g
植物油	15cc
檸檬汁	15cc
檸檬皮	切末1小茶匙
蛋白	尺寸L・1個
砂糖	18g

（作法）

① 將蛋白倒入調理盆內打發。打至5分發時將20g砂糖分兩次加入再繼續打發。直至呈現光澤且可拉出尖角的程度後，將調理盆移至冰箱冷藏。

② 以打發用打蛋器，將蛋黃與一小匙砂糖沿盆底摩擦攪拌，再加入植物油、檸檬汁與檸檬皮充分攪拌。… Ⓐ

③ 將事先過篩兩次的低筋麵粉②，輕輕攪拌均勻，以避免出筋。

④ 從冰箱拿出打發好的蛋白，將1/2的量加入③，以打蛋器確實均勻混合。

⑤ 將剩餘的蛋白分兩次加入④，以刮刀輕輕的攪拌均勻，避免破壞打發的蛋白霜。

⑥ 將⑤倒入戚風模中，放入預熱至170℃的烤箱內，烘烤20分鐘。

⑦ 烤至蛋糕上色後，從烤箱取出，倒置於有一定高度的物體上降溫。

⑧ 初步降溫後，以塑膠袋包裹整個蛋糕模，並維持倒立狀態以防乾燥，直到完全冷卻。

⑨ 將脫模刀插入蛋糕體與蛋糕模之間沿著圓周劃一圈，分離蛋糕體與蛋糕模。中空管周圍使以竹籤等細長物體以相同方式分離，再倒扣取出蛋糕。底部則以脫模刀抵住中空管，以上述相同的方式分離蛋糕體與蛋糕模，再取下活動底板。

蜂蜜醬

只要兩種材料就能製作的超簡單醬料，
使用不同種類的蜂蜜，風味更有無限變化性。

（材料）※奶素

蜂蜜	1大匙
奶油乳酪	3大匙

（作法）

① 均勻混合所有材料即可。… Ⓑ

摩卡戚風蛋糕

依個人喜好調整義式濃縮咖啡的濃度，
若是擔心咖啡因，也可以使用無咖啡因的咖啡。

（材料）※蛋素

蛋黃	尺寸L・1個
砂糖	1小匙
低筋麵粉	20g
植物油	15cc
義式濃縮咖啡	15cc
蛋白	尺寸L・1個
砂糖	15g

Ⓐ

（作法）

① 將蛋白倒入調理盆內打發。大約五分發時，將15g砂糖分兩次加入再繼續打發。直至呈現光澤且可拉出尖角的程度後，將調理盆移至冰箱冷藏。

② 以打發用打蛋器，將蛋黃與一小匙砂糖沿盆底摩擦攪拌，再加入植物油與義式濃縮咖啡充分攪拌。… Ⓐ

③ 將事先過篩兩次的低筋麵粉加入②，輕輕攪拌均勻，以避免出筋。

④ 從冰箱取出打發好的蛋白，將1/2的量加入③，以打蛋器確實均勻混合。

⑤ 將剩餘的蛋白分兩次加入④，以刮刀輕輕的攪拌均勻，避免破壞打發的蛋白霜。

⑥ 將⑤倒入戚風模中，放入預熱至170℃的烤箱內，烘烤20分鐘。

⑦ 烤至蛋糕上色後，從烤箱取出，倒置於有一定高度的物體上降溫。

⑧ 初步降溫後，以塑膠袋包裹整個蛋糕模，並維持倒立狀態以防乾燥，直到完全冷卻。

⑨ 將脫模刀插入蛋糕體與蛋糕模之間沿著圓周劃一圈，分離蛋糕體與蛋糕模。中空管周圍使以竹籤等細長物體以相同方式分離，再倒扣取出蛋糕。底部則以脫模刀抵住中空管，以上述相同的方式分離蛋糕體與蛋糕模，再取下活動底板。

櫻桃白蘭地醬

特別選用櫻桃白蘭地，
酸甜的水果與濃郁的凝脂奶油是天生絕配。

（材料）※奶素

櫻桃果醬	1大匙
櫻桃白蘭地	1小匙
凝脂奶油（德文郡奶油）	2大匙

（作法）

① 均勻混合所有材料即可。… Ⓑ

・也可分別置於不同容器內，食用時再混合也不錯。

Ⓑ

蘋果醬

在盛產蘋果的季節相當推薦這一道醬料呢！
富含食物纖維與維生素。

（ 材料 ）※奶素

蘋果果醬	1大匙
蘋果丁	1大匙
肉桂粉	1小撮
奶油乳酪	1大匙

（ 作法 ）

① 均勻混合所有材料即可。… Ⓐ

甜酒醬

甜酒富含葡萄糖、維生素、胺基酸等多種營養素，
是被譽為「飲用點滴」的健康食品，試著作成醬料看看吧！

（ 材料 ）※奶素

甜酒	1大匙
凝脂奶油	2大匙

（ 作法 ）

① 均勻混合所有材料即可。… Ⓑ

可可醬

可可多酚除了眾所皆知的美肌效果之外，
其實可可也有整腸及改善手腳冰冷的效果喔。

（材料）※奶素

純可可粉	1小匙
脫脂奶粉	1小匙
煉乳	2大匙
脫水優格	1大匙

（作法）

① 鋪有廚房紙巾或是咖啡濾紙的篩
　網中，放入市售無糖優格，冷藏
　一晚製作脫水優格。
② 均勻混合所有材料即可。… ⓒ

ⓒ

芒果醬

大量淋在鬆軟的戚風上再一口咬下，
濃郁的香氣在口中蔓延開來。

（材料）※奶素

芒果（罐頭）	1塊
脫水優格	2大匙

（作法）

① 於鋪有廚房紙巾或是咖啡濾紙的
　篩網中，放入市售無糖優格，冷
　藏一晚製作脫水優格。
② 均勻混合所有材料即可。… ⓓ

ⓓ

巧克力豆醬

巧克力與許多口味的戚風蛋糕都非常合拍，
可依個人喜好選擇有鹽或無鹽的奶油。

（ 材料 ）※奶素
巧克力豆………………………… 2大匙
奶油……………………………… 1大匙
奶油乳酪………………………… 2大匙
糖粉……………………………… 2小匙
蘭姆酒………依個人喜好滴上數滴

（ 作法 ）
① 均勻混合所有材料即可。… Ⓐ

牛奶醬

清爽純白的醬料，
在柔和的甜味之中帶著濃郁的奶香。

（ 材料 ）※奶素
馬斯卡彭起司………………………… 3大匙
脫脂奶粉……………………………… 2小匙
煉乳…………………………………… 1大匙

（ 作法 ）
① 均勻混合所有材料即可。… Ⓑ

Ⓑ

生薑醬

除了溫暖身體的效果之外，
在止咳與幫助消化上，
也是非常有益的一道醬料。

（材料） ※奶素

生薑泥……………………… 1小匙
蜂蜜………………………… 1大匙
檸檬汁……………………… 1小匙
奶油乳酪…………………… 2大匙

（作法）

① 均勻混合所有材料即可。… Ⓒ

Ⓒ

杏仁醬

是一款改善手腳冰冷、貧血、防止老化，
而且對美容健康都很有助益的「超級食物」，
天天吃天天漂亮又健康！

（材料） ※純素

杏仁粉……………………… 2大匙
杏仁片……………………… 1大匙
蜂蜜………………………… 1大匙

（作法）

① 均勻混合所有材料即可。… Ⓓ

Ⓓ

戚風蛋糕的歷史&營養價值

・歷史

　　戚風這個輕柔優雅的詞彙所代表的意思為「柔軟的絲綢布料」恰如其名，戚風蛋糕以空氣般的鬆軟口感與柔和高雅的味道為最大特徵。

　　戚風蛋糕在1927年由居住於美國加州洛杉磯的哈利・貝克所研發。

　　貝克並非烘焙師父或是甜點主廚，而是一位熱愛烹飪的保險經紀人。雖然他的戚風蛋糕大受歡迎，連餐廳都向他訂購，但戚風蛋糕的作法卻始終沒有公開。直到1947年貝克將食譜賣給了通用磨坊公司，1950年才由該公司出版戚風蛋糕的食譜，將作法公諸於世。

　　現在雖然有許多在材料或配方上不同的戚風蛋糕食譜，但戚風蛋糕的基礎其實非常簡單，只要備齊了蛋・麵粉・水・油及砂糖這五樣材料，就能夠烤出美味的戚風蛋糕。

　　正因為如此簡單，因此在配方上更須多費心思鑽研如何烤出更美味的戚風蛋糕，讓許多烹飪愛好者為之瘋狂。

・營養價值

　　戚風蛋糕使用了含有豐富蛋白質的蛋，砂糖和麵粉則富含提供身體能源的糖分，以及少許的油分，均衡了人體不可或缺的三大營養素，戚風蛋糕不僅是點心，早餐、午餐、晚餐甚至宵夜，在一天當中，無論何時都非常適合享用。

　　在通用磨坊公司出版的食譜中，所使用的材料含有泡打粉，但是若能確實打發蛋白，即使不添加泡打粉，戚風蛋糕也能依靠著蛋白霜的力量自然膨脹。

　　本書運用單純的材料，希望製作出有益健康的戚風蛋糕，因此不使用泡打粉。

part **3**

無甜味戚風
＆抹醬

正因為沒有甜味，
適合在一天之中的各種時刻享用。
搭配上醬料，
新型態的戚風蛋糕就此誕生。

基本款無甜味戚風蛋糕

即使是無甜味戚風蛋糕，
只要依步驟製作也能順利膨發，且可維持濕潤鬆軟的口感。
成功的關鍵在於蛋白，請確實打發吧！

（ 材料 ）※蛋素

蛋黃	尺寸L・1個
鹽	1/2小匙
低筋麵粉	20g
植物油	15cc
水	15cc
蛋白	尺寸L・1個
砂糖	5g

（ 作法 ）

① 將蛋白倒入調理盆內打發。大約五分發時加入5g砂糖，再繼續打發。… Ⓐ

② 打發直至呈現光澤且可拉出尖角的程度後，將調理盆移至冰箱冷藏。… Ⓑ

③ 以打發用打蛋器，將蛋黃與1/2小匙鹽沿盆底摩擦攪拌，再加入植物油與水攪拌均勻。… Ⓒ

④ 將事先過篩兩次的低筋麵粉加入③，輕輕攪拌均勻，以避免出筋。… Ⓓ

⑤ 從冰箱拿出打發好的蛋白，將1/2的量加入④，以打蛋器確實均勻混合。

⑥ 將剩餘的蛋白加入⑤，以刮刀輕輕的攪拌均勻，避免破壞打發的蛋白霜。… Ⓔ

⑦ 將⑥倒入戚風模中，放入預熱至170℃的烤箱內，烘烤20分鐘。… Ⓕ

⑧ 若蛋糕已烘烤上色，從烤箱取出，倒置於有一定高度的物體上降溫。… Ⓖ

⑨ 初步降溫後，以塑膠袋包裹整個蛋糕模，並維持倒立狀態以防乾燥，直至完全冷卻（依據季節有所不同，通常為半天時間）。… Ⓗ

⑩ 將脫模刀插入蛋糕體與蛋糕模之間沿著圓周劃一圈，分離蛋糕體與蛋糕模。… Ⓘ

⑪ 中空管周圍使以竹籤等細長物體以相同方式分離，再倒扣取出蛋糕。底部則以脫模刀抵住中空管，以上述相同的方式分離蛋糕體與蛋糕模，再取下活動底板。

Ⓐ

Ⓑ

Ⓒ

Ⓓ

Ⓔ

Ⓕ

Ⓖ

Ⓗ

Ⓘ

煙燻胡椒戚風蛋糕

以粗粒胡椒替代煙燻胡椒也OK！
使用現磨胡椒，也能呈現出截然不同的香氣。

（ 材料 ）※蛋素

蛋黃⋯⋯⋯⋯⋯⋯⋯⋯⋯	尺寸L・1個
鹽⋯⋯⋯⋯⋯⋯⋯⋯⋯⋯	1/2小匙
煙燻胡椒⋯⋯⋯⋯⋯⋯⋯	2小撮
低筋麵粉⋯⋯⋯⋯⋯⋯⋯	20g
植物油⋯⋯⋯⋯⋯⋯⋯⋯	15cc
水⋯⋯⋯⋯⋯⋯⋯⋯⋯⋯	15cc
蛋白⋯⋯⋯⋯⋯⋯⋯⋯⋯	尺寸L・1個
砂糖⋯⋯⋯⋯⋯⋯⋯⋯⋯	5g

Ⓐ

（ 作法 ）

① 將蛋白倒入調理盆內打發。大約五分發時加入5g砂糖，再繼續打發。直至呈現光澤且可拉出尖角的程度後，將調理盆移至冰箱冷藏。

② 以打發用打蛋器，將蛋黃與1/2小匙鹽沿盆底摩擦攪拌，再加入植物油與水攪拌均勻。

③ 將事先過篩兩次的低筋麵粉與剛磨好的煙燻胡椒加入②，輕輕攪拌均勻，以避免出筋。⋯ Ⓐ

④ 從冰箱取出打發好的蛋白，將1/2的量加入③，以打蛋器確實均勻混合。

⑤ 將剩餘的蛋白加入④，以刮刀輕輕的攪拌均勻，避免破壞打發的蛋白霜。

⑥ 將⑤倒入戚風模中，放入預熱至170℃的烤箱內，烘烤20分鐘。

⑦ 若蛋糕已烘烤上色，從烤箱取出，倒置於有一定高度的物體上降溫。

⑧ 初步降溫後，以塑膠袋包裹整個蛋糕模，並維持倒立狀態以防乾燥，直至完全冷卻。

⑨ 將脫模刀插入蛋糕體與蛋糕模之間沿著圓周劃一圈，分離蛋糕體與蛋糕模。中空管周圍使以竹籤等細長物體以相同方式分離，再倒扣取出蛋糕。底部則以脫模刀抵住中空管，以上述相同的方式分離蛋糕體與蛋糕模，再取下活動底板。

巴西利醬

非常適合作為派對前菜或下酒菜的一道醬料，
口感微辣與氣泡酒非常相配。

（ 材料 ）※非素

生火腿⋯⋯⋯⋯⋯⋯⋯⋯	3片
洋蔥⋯⋯⋯⋯⋯⋯⋯⋯	切末 2大匙
巴西利（切粗末）⋯⋯⋯⋯	1大匙
檸檬汁⋯⋯⋯⋯⋯⋯⋯⋯	1小匙
特級初榨橄欖油⋯⋯⋯⋯	1小匙
胡椒鹽⋯⋯⋯⋯⋯⋯⋯⋯	適量

（ 作法 ）

① 將生火腿切絲。

② 與其他材料混合即可。⋯ Ⓑ

Ⓑ

小茴香戚風蛋糕

據說小茴香有整腸健胃，幫助消化的功效。
若製作成戚風蛋糕，更有別於以往給人「咖哩用辛香料」的印象。

（ 材料 ）※蛋素

蛋黃	尺寸L‧1個
鹽	1/2小匙
低筋麵粉	20g
小茴香（整粒）	1小匙
植物油	15cc
水	15cc
蛋白	尺寸L‧1個
砂糖	5g

（ 作法 ）

① 將蛋白倒入調理盆內打發。大約五分發時加入5g砂糖，再繼續打發。直至呈現光澤且可拉出尖角的程度後，將調理盆移至冰箱冷藏。

② 以打發用打蛋器，將蛋黃與1/2小匙鹽沿盆底摩擦攪拌，再加入植物油與水攪拌均勻。

③ 將事先過篩兩次的低筋麵粉與小茴香加入②，輕輕攪拌均勻，以避免出筋。… Ⓐ

④ 從冰箱取出打發好的蛋白，將1/2的量加入③，以打蛋器確實均勻混合。

⑤ 將剩餘的蛋白加入④，以刮刀輕輕的攪拌均勻，避免破壞打發的蛋白霜。

⑥ 將⑤倒入戚風模中，放入預熱至170℃的烤箱內，烘烤20分鐘。

⑦ 若蛋糕已烘烤上色，從烤箱取出，倒置於有一定高度的物體上降溫。

⑧ 初步降溫後，以塑膠袋包裹整個蛋糕模，並維持倒立狀態以防乾燥，直至完全冷卻。

⑨ 將脫模刀插入蛋糕體與蛋糕模之間沿著圓周劃一圈，分離蛋糕體與蛋糕模。中空管周圍使以竹籤等細長物體以相同方式分離，再倒扣取出蛋糕。底部則以脫模刀抵住中空管，以上述相同的方式分離蛋糕體與蛋糕模，再取下活動底板。

芒斯特起司醬

來自法國的水洗起司——芒斯特起司，
通常會添加小茴香和馬鈴薯一起享用。

（ 材料 ）※奶素

芒斯特起司	4片
馬斯卡彭起司	2大匙

（ 作法 ）

① 將兩片芒斯特起司與馬斯卡彭起司均勻混合。… Ⓑ

② 再放上剩餘的芒斯特起司。

納豆戚風蛋糕

戚風蛋糕有無窮的變化性，
若加入納豆，就能成為好吃又獨特的餐點。

（ 材料 ）※蛋素

蛋黃	尺寸L・1個
鹽	1/2小匙
低筋麵粉	20g
納豆	半盒（事先切碎）
植物油	15cc
水	15cc
蛋白	尺寸L・1個
砂糖	5g

（ 作法 ）

① 將蛋白倒入調理盆內打發。大約五分發時加入5g砂糖，再繼續打發直至呈現光澤且可拉出尖角的程度後，將調理盆移至冰箱冷藏。

② 以打發用打蛋器，將蛋黃與1/2小匙鹽沿盆底摩擦攪拌，再加入植物油與水攪拌均勻。

③ 將事先過篩兩次的低筋麵粉加入②，輕輕攪拌均勻，以避免出筋。

④ 於③加入納豆混合。… Ⓐ

⑤ 從冰箱取出打發完成的蛋白，將1/2的量加入④，以打蛋器確實均勻混合。

⑥ 將剩餘的蛋白加入⑤，以刮刀輕輕的攪拌均勻，避免破壞打發的蛋白霜。再倒入戚風模中，放入預熱至170℃的烤箱內，烘烤20分鐘。

⑦ 若蛋糕已烘烤上色，從烤箱取出，倒置於有一定高度的物體上降溫。

⑧ 初步降溫後，以塑膠袋包裹整個蛋糕模，並維持倒立狀態以防乾燥，直至完全冷卻。

⑨ 將脫模刀插入蛋糕體與蛋糕模之間沿著圓周劃一圈，分離蛋糕體與蛋糕模。中空管周圍使以竹籤等細長物體以相同方式分離，再倒扣取出蛋糕。底部則以脫模刀抵住中空管，以上述相同的方式分離蛋糕體與蛋糕模，再取下活動底板。

Ⓐ

芥末醬

辛辣嗆鼻，令人暢快無比的一品醬料。
若要以芥末粉替代芥末醬時，替換的分量約為兩小撮。

（ 材料 ）※五辛素

芥末醬	1小匙
馬斯卡彭起司	3大匙
切碎細蔥	1小匙

（ 作法 ）

① 均勻混合所有材料即可。… Ⓑ

Ⓑ

Mini Chiffon Cakes and Dips

羅勒戚風蛋糕

成色與香味充滿濃濃義式風情的一款戚風蛋糕，
但要注意，若加入過多的青醬會導致蛋糕膨脹不佳。

（材料）※蛋素

蛋黃	尺寸L‧1個
鹽	小匙1/3
低筋麵粉	20g
水	15cc
青醬（熱那亞羅勒醬）	20cc
蛋白	尺寸L‧1個
砂糖	5g

Ⓐ

（作法）

① 將蛋白倒入調理盆內打發。打至五分發時加入5g砂糖，再繼續打發。直至呈現光澤且可拉出尖角的程度後，將調理盆移至冰箱冷藏。

② 以打發用打蛋器，將蛋黃與1/3小匙鹽沿盆底摩擦攪拌，再加入青醬與水攪拌均勻。… Ⓐ

③ 將事先過篩兩次的低筋麵粉加入②，輕輕攪拌均勻，以避免出筋。

④ 從冰箱取出打發好的蛋白，將1/2的量加入③，以打蛋器確實均勻混合。

⑤ 將剩餘的蛋白分兩次加入④，以刮刀輕輕的攪拌均勻，避免破壞打發的蛋白霜。

⑥ 將⑤倒入戚風模中，放入預熱至170℃的烤箱內，烘烤20分鐘。

⑦ 若蛋糕已烘烤上色，從烤箱取出，倒置於有一定高度的物體上降溫。

⑧ 初步降溫後，以塑膠袋包裹整個蛋糕模，並維持倒立狀態以防乾燥，直至完全冷卻。

⑨ 將脫模刀插入蛋糕體與蛋糕模之間沿著圓周劃一圈，分離蛋糕體與蛋糕模。中空管周圍使以竹籤等細長物體以相同方式分離，再倒扣取出蛋糕。底部則以脫模刀抵住中空管，以上述相同的方式分離蛋糕體與蛋糕模，再取下活動底板。

番茄醬

以鹹味與蒜香引出番茄甘甜的一道醬料，
番茄稍微切大塊一點，既不會過於軟爛，又能享受番茄口感。

（材料）※奶素

小番茄	2個
奶油乳酪	2大匙
胡椒鹽	適量
蒜粉	依個人喜好調整分量

Ⓑ

（作法）

① 將小番茄約略切碎。

② 均勻混合所有材料即可。… Ⓑ

迷迭香戚風蛋糕

以搭配肉類料理而聞名的迷迭香，
具有強力的抗氧化效果，因此又名「回春香草」。

（ 材料 ）※蛋素

蛋黃	尺寸L・1個
鹽	1/2小匙
低筋麵粉	20g
迷迭香（整片）	1小匙
植物油	15cc
水	15cc
蛋白	尺寸L・1個
砂糖	5g

（ 作法 ）

① 將蛋白倒入調理盆內打發。大約五分發時加入5g砂糖，再繼續打發。直至呈現光澤且可拉出尖角的程度後，將調理盆移至冰箱冷藏。

② 以打發用打蛋器，將蛋黃與1/2小匙鹽沿盆底摩擦攪拌，再加入植物油與水攪拌均勻。

③ 將事先過篩兩次的低筋麵粉與迷迭香加入②，輕輕攪拌均勻，以避免出筋。… Ⓐ

④ 從冰箱拿出打發好的蛋白，將1/2的量加入③，以打蛋器確實均勻混合。

⑤ 將剩餘的蛋白分兩次加入④，以刮刀輕輕的攪拌均勻，避免破壞打發的蛋白霜。

⑥ 將⑤倒入戚風模中，放入預熱至170℃的烤箱內，烘烤20分鐘。

⑦ 若蛋糕已烘烤上色，從烤箱取出，倒置於有一定高度的物體上降溫。

⑧ 初步降溫後，以塑膠袋包裹整個蛋糕模，並維持倒立狀態以防乾燥，直至完全冷卻。

⑨ 將脫模刀插入蛋糕體與蛋糕模之間沿著圓周劃一圈，分離蛋糕體與蛋糕模。中空管周圍使以竹籤等細長物體以相同方式分離，再倒扣取出蛋糕。底部則以脫模刀抵住中空管，以上述相同的方式分離蛋糕體與蛋糕模，再取下活動底板。

Ⓐ

奶油乳酪醬

此款醬料非常適合充滿香草香氣的無甜味戚風蛋糕，
材料若是先置於室溫回溫，將有助於混合。

（ 材料 ）※非素

沙拉米臘腸	3片
奶油乳酪	3大匙
胡椒	適量

（ 作法 ）

① 切碎沙拉米臘腸。

② 與其他所有材料混合即可。… Ⓑ

Ⓑ

咖哩戚風蛋糕

雖然很喜歡咖哩，但又擔心咖哩麵包對身體有負擔。
如果你也這麼想，那絕對會愛上這鬆軟的咖哩戚風蛋糕。

（ 材料 ）※蛋素

蛋黃	尺寸L・1個
鹽	1/2小匙
低筋麵粉	20g
咖哩粉	1小匙
植物油	15cc
水	15cc
蛋白	尺寸L・1個
砂糖	5g

（ 作法 ）

① 將蛋白倒入調理盆內打發。大約五分發時加入5g砂糖，再繼續打發。直至呈現光澤且可拉出尖角的程度後，將調理盆移至冰箱冷藏。

② 以打發用打蛋器，將蛋黃與1/2小匙鹽沿盆底摩擦攪拌，再加入植物油與水攪拌均勻。

③ 將事先混合過篩兩次的低筋麵粉與咖哩粉加入②，輕輕攪拌均勻，以避免出筋。… Ⓐ

④ 從冰箱拿出打發好的蛋白，將1/2的量加入③，以打蛋器確實均勻混合。

⑤ 將剩餘的蛋白加入④，以刮刀輕輕的攪拌均勻，避免破壞打發的蛋白霜。

⑥ 將⑤倒入戚風模中，放入預熱至170℃的烤箱內，烘烤20分鐘。

⑦ 若蛋糕已烘烤上色，從烤箱取出，倒置於有一定高度的物體上降溫。

⑧ 初步降溫後，以塑膠袋包裹整個蛋糕模，並維持倒立狀態以防乾燥，直至完全冷卻。

⑨ 將脫模刀插入蛋糕體與蛋糕模之間沿著圓周劃一圈，分離蛋糕體與蛋糕模。中空管周圍使以竹籤等細長物體以相同方式分離，再倒扣取出蛋糕。底部則以脫模刀抵住中空管，以上述相同的方式分離蛋糕體與蛋糕模，再取下活動底板。

福神漬醬

福神漬與奶油乳酪真是讓人出乎意料的絕配，
如果不將福神漬切太細，即可享受到爽脆的口感。

（ 材料 ）※奶素

福神漬	1大匙
奶油乳酪	3大匙

※福神漬是一種日本傳統的什錦漬物，可於一般超市購買。

（ 作法 ）

① 均勻混合所有材料即可。… Ⓑ

橄欖戚風蛋糕

這是一款在柔軟細緻的蛋糕體中，吃得到橄欖的戚風蛋糕。
雖然食譜使用的是黑橄欖，但是亦可以綠橄欖替代。

（ 材料 ）※蛋素

蛋黃	尺寸L·1個
鹽	小匙1/2
低筋麵粉	20g
橄欖油	15cc
水	15cc
去籽橄欖	片狀1大匙
蛋白	尺寸L·1個
砂糖	5g

(A)

（ 作法 ）

① 將蛋白倒入調理盆內打發。大約五分發時加入5g砂糖，再繼續打發。直至呈現光澤且可拉出尖角的程度後，將調理盆移至冰箱冷藏。

② 以打發用打蛋器，將蛋黃與1/2小匙鹽沿盆底摩擦攪拌，再加入橄欖油與水攪拌均勻。

③ 將事先過篩兩次的低筋麵粉加入②，輕輕攪拌均勻，以避免出筋。此時也加入橄欖混合。… Ⓐ

④ 從冰箱取出打發完成的蛋白，將1/2的量加入③，以打蛋器確實勻混合。

⑤ 將剩餘的蛋白分兩次加入④，以刮刀輕輕的攪拌均勻，避免破壞打發的蛋白霜。

⑥ 將⑤倒入戚風模中，放入預熱至170℃的烤箱內，烘烤20分鐘。

⑦ 若蛋糕已烘烤上色，從烤箱取出，倒置於有一定高度的物體上降溫。

⑧ 初步降溫後，以塑膠袋包裹整個蛋糕模，並維持倒立狀態以防乾燥，直至完全冷卻。

⑨ 將脫模刀插入蛋糕體與蛋糕模之間沿著圓周劃一圈，分離蛋糕體與蛋糕模。中空管周圍使以竹籤等細長物體以相同方式分離，再倒扣取出蛋糕。底部則以脫模刀抵住中空管，以上述相同的方式分離蛋糕體與蛋糕模，再取下活動底板。

鰻香高麗菜醬

喜愛鰻魚的人絕對會上癮的一道醬料，
無論是高麗菜或奶油乳酪都與鰻魚的味道十分相襯。

（ 材料 ）※非素

鰻魚片	1片
高麗菜	1/4片
奶油乳酪	1大匙
蒜末	依個人喜好斟酌用量

（ 作法 ）

① 高麗菜燙過，用力擠出水分，再切末（2大匙左右的量）… Ⓑ

② 鰻魚片切末。

③ 均勻混合所有材料即可。… Ⓒ

(B)

(C)

小松菜戚風蛋糕

請確實擠乾小松菜的水分，只要切碎一些，
再充分混合，就能製作出均勻的顏色喔！

（ 材料 ）※蛋素

蛋黃	尺寸L・1個
鹽	1/2小匙
低筋麵粉	20g
植物油	15cc
水	10cc
小松菜（汆燙後擠乾水分，切碎）	20cc（2大匙）
蛋白	尺寸L・1個
砂糖	5g

（ 作法 ）

① 將蛋白倒入調理盆內打發。大約五分發時加入5g砂糖，再繼續打發。直至呈現光澤且可拉出尖角的程度後，將調理盆移至冰箱冷藏。

② 以打發用打蛋器，將蛋黃與1/2小匙鹽沿盆底摩擦攪拌，再加入植物油與水攪拌均勻。

③ 將事先過篩兩次的低筋麵粉加入②，輕輕攪拌均勻，以避免出筋。此時也加入小松菜混合。…Ⓐ

④ 從冰箱取出打發好的蛋白，將1/2的量加入③，以打蛋器確實均勻混合。

⑤ 將剩餘的蛋白分兩次加入④，以刮刀輕輕的攪拌均勻，避免破壞打發的蛋白霜。

⑥ 將⑤倒入戚風模中，放入預熱至170℃的烤箱內，烘烤20分鐘。

⑦ 若蛋糕已烘烤上色，從烤箱取出，倒置於有一定高度的物體上降溫。

⑧ 初步降溫後，以塑膠袋包裹整個蛋糕模，並維持倒立狀態以防乾燥，直至完全冷卻。

⑨ 將脫模刀插入蛋糕體與蛋糕模之間沿著圓周劃一圈，分離蛋糕體與蛋糕模。中空管周圍使以竹籤等細長物體以相同方式分離，再倒扣取出蛋糕。底部則以脫模刀抵住中空管，以上述相同的方式分離蛋糕體與蛋糕模，再取下活動底板。

優格蛋醬

以等量的美乃滋與優格混合而成的輕盈醬料，
還可加入粗粒胡椒更能提昇味道喔！

（ 材料 ）※蛋奶素

全熟水煮蛋	1個
美乃滋	1大匙
優格	1大匙
鹽	適量

（ 作法 ）

① 以叉子背面將水煮蛋壓碎。

② 與其他材料均勻混合即可。…Ⓑ

蒔蘿戚風蛋糕

蒔蘿名字含有「鎮定」意思的「dilla」，
據說有鎮靜及安眠的效果。

（ 材料 ）※蛋素

蛋黃	尺寸L．1個
鹽	小匙1/2
低筋麵粉	20g
植物油	15cc
水	15cc
新鮮蒔蘿	切碎取1小匙
蛋白	尺寸L．1個
砂糖	5g

Ⓐ

（ 作法 ）

① 將蛋白倒入調理盆內打發。大約五分發時加入5g砂糖，再繼續打發。直至呈現光澤且可拉出尖角的程度後，將調理盆移至冰箱冷藏。

② 以打發用打蛋器，將蛋黃與1/2小匙鹽沿盆底摩擦攪拌，再加入植物油與水攪拌均勻。

③ 將事先過篩兩次的低筋麵粉加入②，輕輕攪拌均勻，以避免出筋。此時也加入蒔蘿混合。… Ⓐ

④ 從冰箱拿出打發好的蛋白，將1/2的量加入③，以打蛋器確實均勻混合。

⑤ 將剩餘的蛋白分兩次加入④，以刮刀輕輕的攪拌均勻，避免破壞打發的蛋白霜。

⑥ 將⑤倒入戚風模中，放入預熱至170℃的烤箱內，烘烤20分鐘。

⑦ 若蛋糕已烘烤上色，從烤箱取出，倒置於有一定高度的物體上降溫。

⑧ 初步降溫後，以塑膠袋包裹整個蛋糕模，並維持倒立狀態以防乾燥，直至完全冷卻。

⑨ 將脫模刀插入蛋糕體與蛋糕模之間沿著圓周劃一圈，分離蛋糕體與蛋糕模。中空管周圍使以竹籤等細長物體以相同方式分離，再倒扣取出蛋糕。底部則以脫模刀抵住中空管，以上述相同的方式分離蛋糕體與蛋糕模，再取下活動底板。

檸檬佐蒔蘿醬

搭配切成薄片的戚風蛋糕，沾取享用，
煙燻鮭魚與蒔蘿更是絕妙搭配。

（ 材料 ）※非素

煙燻鮭魚	1片
酸奶油	3大匙
檸檬汁	1小匙
新鮮蒔蘿切末	1小匙

Ⓑ

（ 作法 ）

① 將煙燻鮭魚切碎。

② 均勻混合所有材料即可。… Ⓑ

糙米戚風蛋糕

品嚐具有嚼勁的糙米來填飽肚子吧！
麻油的香氣也有提振食慾之功效。

（ 材料 ）※蛋素

蛋黃	尺寸L・1個
鹽	1/3小匙
低筋麵粉	20g
麻油	15cc
水	15cc
糙米（煮好並冷卻）	2大匙
蛋白	尺寸L・1個
砂糖	5g

Ⓐ

（ 作法 ）

① 將蛋白倒入調理盆內打發。大約五分發時加入5g砂糖，再繼續打發。直至呈現光澤且可拉出尖角的程度後，將調理盆移至冰箱冷藏。

② 以打發用打蛋器，將蛋黃與1/3小匙鹽沿盆底摩擦攪拌，再加入麻油與水攪拌均勻。

③ 將事先過篩兩次的低筋麵粉加入②，輕輕攪拌均勻，以避免出筋。此時也加入糙米混合。… Ⓐ

④ 從冰箱取出打發好的蛋白，將1/2的量加入③，以打蛋器確實均勻混合。

⑤ 將剩餘的蛋白分兩次加入④，以刮刀輕輕的攪拌均勻，避免破壞打發的蛋白霜。

⑥ 將⑤倒入戚風模中，放入預熱至170℃的烤箱內，烘烤20分鐘。

⑦ 若蛋糕已烘烤上色，從烤箱取出，倒置於有一定高度的物體上降溫。

⑧ 初步降溫後，以塑膠袋包裹整個蛋糕模，並維持倒立狀態以防乾燥，直至完全冷卻。

⑨ 將脫模刀插入蛋糕體與蛋糕模之間沿著圓周劃一圈，分離蛋糕體與蛋糕模。中空管周圍使以竹籤等細長物體以相同方式分離，再倒扣取出蛋糕。底部則以脫模刀抵住中空管，以上述相同的方式分離蛋糕體與蛋糕模，再取下活動底板。

爽口梅干醬

和風食材與奶油乳酪的結合十分與眾不同，
和戚風蛋糕一起帶去參加宴會或作為便當享用吧！

（ 材料 ）※非素

蜂蜜梅干	1大個
鰹魚片	1大匙
奶油乳酪	3大匙

（ 作法 ）

① 將梅干去籽並弄碎果肉。

② 均勻混合所有材料即可。… Ⓑ

Ⓑ

洋蔥風味戚風蛋糕

使用炒出甜味的洋蔥，
正是本款戚風蛋糕味道與口感上的特點。

（ 材料 ）※蛋素・五辛素

蛋黃	尺寸L・1個
鹽	1/3小匙
低筋麵粉	20g
植物油	15cc
水	15cc
切末的洋蔥（炒過）	2大匙
蛋白	尺寸L・1個
砂糖	5g

（ 作法 ）

① 將蛋白倒入調理盆內打發。大約五分發時加入5g砂糖，再繼續打發。直至呈現光澤且可拉出尖角的程度後，將調理盆移至冰箱冷藏。

② 以打發用打蛋器，將蛋黃與1/3小匙鹽沿盆底摩擦攪拌，再加入植物油與水攪拌均勻。

③ 將事先過篩兩次的低筋麵粉加入②，輕輕攪拌均勻，以避免出筋。此時也加入洋蔥混合。… Ⓐ

④ 從冰箱拿出打發好的蛋白，將1/2的量加入③，以打蛋器確實均勻混合。

⑤ 將剩餘的蛋白分兩次加入④，以刮刀輕輕的攪拌均勻，避免破壞打發的蛋白霜。

⑥ 將⑤倒入戚風模中，放入預熱至170℃的烤箱內，烘烤20分鐘。

⑦ 若蛋糕已烘烤上色，從烤箱取出，倒置於有一定高度的物體上降溫。

⑧ 初步降溫後，以塑膠袋包裹整個蛋糕模，並維持倒立狀態以防乾燥，直至完全冷卻。

⑨ 將脫模刀插入蛋糕體與蛋糕模之間沿著圓周劃一圈，分離蛋糕體與蛋糕模。中空管周圍使以竹籤等細長物體以相同方式分離，再倒扣取出蛋糕。底部則以脫模刀抵住中空管，以上述相同的方式分離蛋糕體與蛋糕模，再取下活動底板。

切達起司醬

使用廚房紙巾確實擦去烤培根時所逼出的油脂吧！

（ 材料 ）※非素

培根	1/2片
切達起司	切成骰子狀1大匙
奶油乳酪	2大匙
檸檬汁	1小匙

（ 作法 ）

① 將培根烤得酥脆後，切碎。

② 均勻混合所有材料即可。… Ⓑ

檸檬芹香醬

加入檸檬汁讓油漬沙丁魚變得爽口，
戚風蛋糕佐上這道醬料，
作為時髦的午餐或簡單的晚餐也不錯呢！

（ 材料 ） ※非素

油漬沙丁魚罐頭	1條
洋蔥切末	1大匙
檸檬汁	1小匙
檸檬皮切末	1小匙
荷蘭芹	2小匙
鹽	適量

（ 作法 ）

① 將油漬沙丁魚剁成容易食用的尺寸。

② 均勻混合所有材料即可。… Ⓐ

顆粒芥末醬

拌入具有飽足感的馬鈴薯泥，
如果以乾燥馬鈴薯泥製作，那就更簡單了。

（ 材料 ） ※奶素

顆粒芥末醬	1大匙
馬鈴薯泥	2大匙
鮮奶油	1大匙
鹽	1小撮

（ 作法 ）

① 均勻混合所有材料即可。… Ⓑ

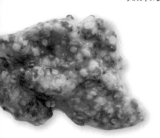

酪梨醬

蔬菜滿滿的一道醬料──酪梨醬。
搭配戚風蛋糕不但美味而且更健康喔！

（材料）※五辛素

酪梨泥………………………	2大匙
洋蔥切末………………………	2小匙
番茄切末………………………	2小匙
美乃滋………………………	1大匙
檸檬汁………………………	1小匙
胡椒鹽………………………	1小撮
墨西哥辣醬……依個人喜好斟酌添加	

（作法）

① 均勻混合所有材料即可。… ⓒ

② 若想加入墨西哥辣醬，請於最後
　 再加入以便調整味道。

海苔醬

易被認為是和風的醬汁，
卻意外地適合加入香料的戚風蛋糕。

（材料）※奶素

佃煮海苔………………………	1大匙
奶油乳酪………………………	2大匙

（作法）

① 均勻混合所有材料即可。… Ⓓ

馬鈴薯泥醬

馬鈴薯泥的醬料非常具有飽足感，
在此請注意鱈魚子不要過度加熱。

（ 材料 ）※非素

鱈魚子	半片
馬鈴薯泥	2大匙
鮮奶油	1大匙
鹽	1小撮

（ 作法 ）

① 將鱈魚子加熱並剁成小塊。
② 均勻混合所有材料即可。… Ⓐ

醬香奶油醬

事先花些功夫去除雞肝的腥味吧！
添加奶油製造濃郁口感，非常適合搭配簡單的戚風蛋糕。

（ 材料 ）※非素

雞肝	1片
醬油	1小匙
味醂	1小匙
奶油	1小匙
奶油乳酪	1大匙

（ 作法 ）

① 將雞肝泡入冰水十分鐘以上，以篩子瀝乾水分。
② 將①切成一口大小，將除了奶油乳酪之外的所有材料放入耐熱容器內。
③ 容器覆蓋保鮮膜，以微波爐加熱約一分半後，置入微波爐蒸燜。… Ⓑ
④ 待③冷卻後加入奶油乳酪，再裝飾上喜歡的香草（分量外）。

番茄辣醬

將原本大量辣椒的配方，改以少量方式製作成醬汁使用，
想品嚐戚風蛋糕搭配辣味的主餐時，如果有這道醬汁就方便多了！

（ 材料 ）※非素

絞肉	50g
洋蔥切末	1大匙
番茄切末	1大匙
番茄醬	1大匙
辣椒粉	1小撮
胡椒鹽	1小撮

（ 作法 ）

① 所有材料放入耐熱容器內均勻混合。… ©
② 容器覆蓋保鮮膜，以微波爐加熱約一分鐘。
③ 仔細攪拌後再加熱一分鐘即可。

毛豆起司醬

活用不同味道的兩種起司與毛豆香氣搭配的醬料，
無論是涼拌，或加熱使起司融化，都與戚風蛋糕非常速配。

（ 材料 ）※奶素

毛豆	約10顆
沙拉用起司絲	2大匙
馬斯卡彭起司	2大匙

（ 作法 ）

① 均勻混合所有材料即可。… ⑩

適合搭配無甜味戚風的抹醬

芹香酸奶油

只需混和所有材料，使用微波爐加熱，
就能完成這道芹香烤牛肉醬汁！

（材料）※非素

牛碎肉	50g
芹菜切片	2大匙
植物油	1小匙
魚露	1/2小匙
酸奶油	1大匙

（作法）

① 除了酸奶油之外，將所有材料放入
　耐熱容器中均勻混和。… Ⓐ
② 容器覆蓋保鮮膜，以微波爐加熱約
　一分鐘。
③ 就這樣置於微波爐內蒸燜，直至降
　溫後再盛盤。
④ 放上酸奶油。

麵露醬

這是一道可同時享受麵屑剛炸起來的酥脆，
與充分混合後的濕潤口感醬料。

（材料）※五辛素

炸麵屑	1大匙
沾麵露（3倍濃縮）	1小匙
細蔥（切末）	1大匙
奶油乳酪	1大匙

（作法）

① 均勻混合所有材料即可。… Ⓑ

part 4
變身款
戚風蛋糕

以鬆軟的戚風蛋糕體製作各種人氣點心，
盡情享受爽口又健康的各種變化吧！

可可戚風蛋糕卷

將大量的鮮奶油捲入降低甜度的可可戚風蛋糕體。

（ 材料 ）※蛋奶素

蛋黃…………………	尺寸L·1個
低筋麵粉…………………	17g
純可可粉…………………	3g
植物油…………………	15cc
水…………………	15cc
蛋白…………………	尺寸L·1個
砂糖…………………	20g+1小匙
鮮奶油…………………	100cc

（ 作法 ）

① 混合低筋麵粉與純可可粉，並一起過篩。… Ⓐ

② 鮮奶油內加入一小匙砂糖打至十分發。

③ 將蛋白倒入調理盆內打發。大約5分發時分兩次加入15g砂糖，再繼續打發。直至呈現光澤且可拉出尖角的程度後，將調理盆移至冰箱冷藏。

④ 將5g砂糖加入蛋黃內，使用打發用打蛋器沿盆底摩擦攪拌。… Ⓑ

⑤ 於④加入水與植物油，均勻混合。… Ⓒ

⑥ 將①加入⑤中，輕輕攪拌均勻，以避免出筋。… Ⓓ

⑦ 從冰箱取出③，並將一半的蛋白霜倒入⑥均勻混合。

⑧ 將剩餘的蛋白加入⑦，以刮刀輕輕的攪拌均勻，避免破壞打發的蛋白霜。均勻混合的訣竅是由調理盆底部以刮刀將材料往上翻。… Ⓔ

⑨ 將⑦倒入事先鋪好烘焙紙的烤盤中。… Ⓕ

⑩ 放入預熱至170℃的烤箱內，烘烤10分鐘後從烤箱取出。

⑪ 為防止蛋糕體乾燥，需另外取一張烘焙紙或鋁箔紙覆蓋蛋糕表面，直至完全冷卻。… Ⓖ

⑫ 蛋糕脫膜後，置於事先鋪好另一張烘焙紙的砧板上。撕除蛋糕體上的烘焙紙，並於蛋糕表面塗抹一層薄薄的鮮奶油。靠近操作者這側約5cm左右的寬度，鮮奶油可稍微塗厚一些。… Ⓗ

⑬ 從靠近操作者這側開始捲起，開頭的處須確實捲緊，一邊撕除烤盤紙並同時以捲壽司的手法捲起。

⑭ 以烘焙紙包裹蛋糕捲，放入冰箱約30分鐘使其定型。

⑮ 撕除烘焙紙，依個人喜好以篩網篩上純可可粉（分量外），並切片。… Ⓘ

戚風鬆餅

以戚風蛋糕麵糊製作鬆餅，輕盈的口感真是讓人驚喜。
一個平底鍋就能輕鬆製作，趁熱享用吧！

（ 材料 ）分量約6片迷你鬆餅　※蛋素

蛋黃	尺寸L·1個
低筋麵粉	20g
玉米粉	10g
植物油	1/2大匙
牛奶	25cc
蛋白	尺寸L·1個
砂糖	15g

（ 作法 ）

① 將蛋白倒入調理盆內打發。大約五分發時，分兩次加入15g砂糖，再繼續打發。直至呈現光澤且可拉出尖角的程度後，將調理盆移至冰箱冷藏。… Ⓐ

② 使用打發用打蛋器將蛋黃、植物油與牛奶混合。… Ⓑ

③ 將事先混合並過篩兩次的低筋麵粉與玉米粉加入②，輕輕攪拌均勻，以避免出筋。… Ⓒ

④ 從冰箱拿出打發好的蛋白，將1/2的量加入③，以打蛋器確實均勻混合。

⑤ 將剩餘的蛋白加入④，以刮刀輕輕的攪拌均勻，避免破壞打發的蛋白霜。… Ⓓ

⑥ 將分量外的奶油放入熱好的平底鍋中融化，以湯匙將⑤的麵糊適量的舀入鍋中，蓋上蓋子以小火煎2至3分鐘。只要蓋上蓋子，就能煎出濕潤的鬆餅喔！… Ⓔ

⑦ 以鏟子翻面，將兩面都煎出漂亮的焦色。… Ⓕ

＊冷卻後以夾鏈袋密封可冷凍保存。

Ⓐ

Ⓑ

Ⓒ

Ⓓ

Ⓔ

Ⓕ

方塊戚風蛋糕

將蛋糕烤得比基本款戚風更扎實一些，
最大的特點在於容易分切，就算放上有些重量的配料也不容易塌陷變形。

（材料）※蛋素

蛋黃	尺寸L・1個
低筋麵粉	20g
玉米粉	10g
植物油	1/2大匙
牛奶	25cc
蛋白	尺寸L・1個
砂糖	15g

（作法）

① 將蛋白倒入調理盆內打發，大約五分發時，分兩次加入15g砂糖，再繼續打發。直至呈現光澤且可拉出尖角的程度後，將調理盆移至冰箱冷藏。… Ⓐ

② 使用打發用打蛋器將蛋黃、植物油與牛奶混合。… Ⓑ

③ 將事先混合並過篩兩次的低筋麵粉與玉米粉加入②，輕輕攪拌均勻，以避免出筋。… Ⓒ

④ 從冰箱拿出打發好的蛋白，將1/2的量加入③，以打蛋器確實均勻混合。

⑤ 將剩餘的蛋白加入④，以刮刀輕輕的攪拌均勻，避免破壞打發的蛋白霜。… Ⓓ

⑥ 將麵糊倒入底部鋪有烘焙紙的磅蛋糕模型中。放入事先以170℃預熱好的烤箱內，烘烤20分鐘。… Ⓔ

⑦ 將蛋糕從烤箱取出，以倒置的方式降溫，再以塑膠袋包裹整個蛋糕模，直至完全冷卻。… Ⓕ

⑧ 以脫模刀插入側面脫膜，再切成方塊狀。… Ⓖ

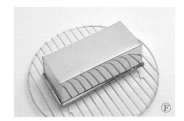

戚風脆餅

將剩餘的戚風蛋糕作成脆餅，不浪費又能享受美食。
若使用無甜味戚風蛋糕製作時，在完成前不需要撒上砂糖。

（ 材料 ）※蛋奶素
喜愛的戚風蛋糕………………… 1模
融化的奶油………………… 2大匙
依個人喜好撒上砂糖、肉桂粉等

（ 作法 ）
① 將戚風蛋糕切成薄片（在半解凍
　 狀態下較容易切片）。… Ⓐ
② 排列於烤盤上，並刷上融化奶
　 油。… Ⓑ
③ 若是選用甜味戚風蛋糕的話則撒
　 上砂糖。… Ⓒ
④ 放入事先以140℃預熱好的烤箱
　 內，烘烤15分鐘。烘烤結束後，
　 先不打開烤箱，直接讓戚風於烤
　 箱中冷卻。

＊密使用密封容器保存以防止受潮。

part5
裝飾款戚風蛋糕

戚風的另一項優點就是能充分展現裝飾的特色，
就讓我們華麗地妝點味道柔和的戚風蛋糕吧！

鮮奶油草莓戚風蛋糕

是活用戚風蛋糕模形狀製作的一道可愛迷你鮮奶油蛋糕，
因為戚風的質地輕盈，一整模全部吃光光也沒問題喔！

（ 材料 ）※蛋奶素

喜歡口味的戚風蛋糕	1模
草莓	5個
白酒	1大匙
鮮奶油	100cc
砂糖	1大匙

（ 作法 ）

① 將戚風蛋糕橫向對切，於斷面刷上些許白酒。… Ⓐ

② 取下5顆草莓的蒂頭後，將草莓切成薄片。… Ⓑ

③ 在100cc的鮮奶油中加入一大匙砂糖，打至九分發。… Ⓒ

④ 於一片戚風蛋糕的斷面塗上一層薄薄的鮮奶油，再放上一半的草莓切片。… Ⓓ

⑤ 再塗上一層薄薄的鮮奶油後，放上另一片戚風蛋糕。… Ⓔ

⑥ 將剩餘鮮奶油塗滿蛋糕外側後，在蛋糕上排列剩下的草莓切片裝飾。… Ⓕ

檸檬糖霜磅蛋糕

使用迷你磅蛋糕模烤出稍微扎實的蛋糕，
是比戚風蛋糕濕潤，卻比磅蛋糕輕盈的蛋糕。

（ 材料 ）※蛋素

戚風磅蛋糕體

蛋黃	尺寸L・1個
砂糖	1小匙
低筋麵粉	20g
植物油	15cc
檸檬汁	15cc
檸檬皮	切絲1大匙
蛋白	尺寸L・1個
砂糖	20g

檸檬糖霜

糖粉	50g
檸檬汁	15cc
檸檬皮	刨絲適量

（ 作法 ）

① 將蛋白倒入調理盆內打發。大約五分發時分兩次加入20g砂糖，再繼續打發。直至呈現光澤且可拉出尖角的程度後，將調理盆移至冰箱冷藏。… Ⓐ

② 以打發用打蛋器，將蛋黃與一小匙砂糖摩擦盆底攪拌後，再加入植物油、檸檬汁與檸檬皮充分攪拌。… Ⓑ

③ 將事先過篩兩次的低筋麵粉加入②，輕輕攪拌均勻，以避免出筋。… Ⓒ

④ 從冰箱取出打發完成的蛋白，將1/2的量加入③，以打蛋器確實均勻混合。… Ⓓ

⑤ 將剩餘的蛋白加入④，以刮刀輕輕的攪拌均勻，避免破壞打發的蛋白霜。… Ⓔ

⑥ 將⑤倒入迷你磅蛋糕模型。放入事先以170℃預熱好的烤箱內，烘烤20分鐘。

⑦ 若蛋糕已烘烤上色，從烤箱取出，一邊注意防止蛋糕乾燥，一邊等待完全冷卻。

⑧ 於50g糖粉中加入一大匙檸檬汁，充分攪拌均勻製作檸檬糖霜。… Ⓕ

⑨ 使用打蛋器於戚風磅蛋糕表面淋上檸檬糖霜。… Ⓖ

⑩ 於糖霜上撒上檸檬皮。… Ⓗ

沙瓦琳

使用加入了蘭姆酒的糖漿浸潤的戚風蛋糕體——
沙瓦琳擁有不少死忠粉絲，是一道法國的傳統甜點。

（ 材料 ）※蛋奶素

戚風蛋糕體

蛋黃	尺寸L・1個
砂糖	1小匙
低筋麵粉	20g
融化奶油	15cc
水	15cc
蛋白	尺寸L・1個
砂糖	15g

糖漿

水	60cc
砂糖	40g
蘭姆酒	70cc
紅茶	茶包1包
檸檬汁	1小匙
橘子皮	依照喜好適量加入

（ 作法 ）

製作糖漿

① 加熱砂糖與水，直至砂糖完全溶解。… Ⓐ

② 將茶包放入①，浸泡三分鐘後取出。… Ⓑ

③ 檸檬汁與蘭姆酒加入②中混合均勻。依個人喜好可加入切絲橘子皮。

製作戚風杯子蛋糕

① 將蛋白倒入調理盆內打發。大約五分發時，分兩次加入15g砂糖，再繼續打發。直至呈現光澤且可拉出尖角的程度後，將調理盆移至冰箱冷藏。

② 以打發用打蛋器，將蛋黃與一小匙砂糖摩擦盆底攪拌後，再加入融化奶油與水充分攪拌。… Ⓒ

③ 將事先過篩兩次的低筋麵粉加入②，輕輕攪拌均勻，以避免出筋。… Ⓓ

④ 從冰箱拿出打發好的蛋白，將1/2的量加入③，以打蛋器確實均勻混合。… Ⓔ

⑤ 將剩餘的蛋白加入④，以刮刀輕輕的攪拌均勻，避免破壞打發的蛋白霜。… Ⓕ

⑥ 將麵糊倒入⑤鋁箔杯中。放入事先以170℃預熱好的烤箱內，烘烤15分鐘。… Ⓖ

⑦ 從烤箱取出蛋糕，並立刻刷上大量的糖漿。由於剛出爐的蛋糕較脆弱，因此請不要太過用力。… Ⓗ

⑧ 待⑦完全冷卻後，於上面擠上鮮奶油，並放上糖漬櫻桃（分量外）作為裝飾。… Ⓘ

＊放置一晚再享用，味道會更加融合，風味更佳。

戚風疊疊杯

原文意思為「現成的」，是一道英國的傳統甜點。
將果醬或優格等，自由的與戚風堆疊組合吧！

（ 材料 ）※蛋奶素

喜歡口味的戚風蛋糕	1模
鮮奶油	100cc
砂糖	2小匙
藍莓果醬	3大匙
白酒	1大匙
藍莓	適量
糖粉	適量

卡士達醬

蛋黃	尺寸S‧1個
牛乳	100cc
砂糖	30g
低筋麵粉	1大匙
香草精	2滴

（ 作法 ）

製作卡士達醬

① 於耐熱容器中，混合蛋黃與砂糖。… Ⓐ
② 加入低筋麵粉再均勻混合。… Ⓑ
③ 加入牛奶，攪拌至呈現出滑順狀態。
④ 不覆蓋保鮮膜，以微波爐加熱一分鐘後取出，並均勻混合。
⑤ 再次加熱30秒，取出混合。重複此步驟直至呈現適當濃稠度。… Ⓒ
⑥ 加入兩滴香草精混合後，趁熱使用細網目濾網過篩。… Ⓓ
⑦ 為了防止表面結皮，以保鮮膜貼住表面的方式覆蓋，並放入冰箱內冷藏。

與其他材料重疊

① 均勻混合藍莓果醬與白酒。… Ⓔ
② 於鮮奶油中加入兩小匙砂糖，打至九分發。… Ⓕ
③ 於容器內裝入冷卻的卡士達醬，分量大約為容器1/4的高度。
④ 將撕成一口尺寸的戚風蛋糕放入③之上，再放上①。… Ⓖ
⑤ 於④的上面放上大量鮮奶油。… Ⓗ
⑥ 再於⑤上面依序疊上戚風蛋糕、藍莓，並篩上糖粉。… Ⓘ

戚風提拉米蘇

為了保有戚風蛋糕鬆軟的口感，
僅於表面塗抹較濃的濃縮咖啡液。

（ 材料 ）※蛋奶素

喜歡口味的戚風蛋糕	1模
奶油乳酪	150g
馬斯卡彭起司	150g
鮮奶油	100cc
砂糖	40g
即溶咖啡	3大匙
熱水	3大匙
蘭姆酒	1小匙
純可可粉	適量

（ 作法 ）

① 先將原味戚風撕成一口尺寸。

② 均勻混合已放置室溫回溫的奶油
乳酪與馬斯卡彭起司。… Ⓐ

③ 於鮮奶油中加入砂糖，打至八分
發後與②均勻混合至滑順。

④ 混合即溶咖啡粉、熱水與蘭姆
酒，製作成濃縮咖啡液。

⑤ 於容器中放入碎塊戚風蛋糕，並
刷上濃縮咖啡液。… Ⓑ

⑥ 於⑤的上面放上③，並將表面均
勻抹平。… Ⓒ

⑦ ⑥上面再鋪上碎塊戚風蛋糕，重
複⑤至⑥的步驟。… Ⓓ

⑧ 使用篩網於表面篩上一層純可可
粉。

Ⓐ

Ⓑ

Ⓒ

Ⓓ

作出鬆軟戚風的必學訣竅

為了讓沒有烤過戚風蛋糕的人也能輕鬆成功作出美味可口的戚風蛋糕，本書在設計食譜時下了一番功夫。但因為烤箱型號的不同或選用材料的狀態等各種因素，皆可能導致戚風蛋糕無法順利膨脹。為了要成功製作並開心享用戚風蛋糕，在此介紹幾個訣竅。

使用新鮮食材

使用放置在冰箱內充分冷藏的鮮蛋是最基本的，低筋麵粉等其他食材也盡量使用新鮮品製作吧！

使用乾淨的器具

打發蛋白的調理盆或打蛋器若沾到水氣或油分就無法順利打發蛋白。請於製作前仔細檢查吧！

請均勻混合蛋白霜

將有光澤並可拉出尖角的蛋白霜與其他材料混合的過程是戚風蛋糕是否成功的重要關鍵。但請避免過度混合麵糊，導致蛋白霜消泡。此外，為了要避免消泡而過於提心吊膽，導致麵糊沒有均勻混和就倒入蛋糕模中也是不可以的。若是這種狀態下進烤箱烘烤，蛋白霜結塊的部分就會形成大氣泡，當戚風蛋糕脫模時容易造成崩塌。

將麵糊倒入蛋糕模之前，務必要從調理盆底部再次將整個麵糊輕輕拌勻，確定沒有殘留白色部分。

蛋糕脫模時要緩慢＆小心

好不容易烤出了漂亮的戚風蛋糕，一定要避免脫模失敗造成遺憾。使用細長的脫模刀，緊貼蛋糕模邊緣慢慢滑動。中空管處，則使以竹籤一點一點沿著邊緣的上下移動。

以上事項都注意了，但蛋糕還是無法膨脹！此時請這樣作：

為了作出只依靠蛋白霜膨脹的鬆軟戚風蛋糕，本書並沒有使用泡打粉。但若是依照書中步驟製作，卻怎樣都一直無法順利膨脹時，請試著在過篩低筋麵粉時加入1/2小匙的泡打粉。或加入名為「塔塔粉」的市售烘焙用酒石酸鉀，由於可穩固蛋白霜，使其不易消泡。依照使用說明的量加入蛋白中打發，可以打出強韌堅固的蛋白霜。

享用戚風蛋糕的好時機

迷你戚風蛋糕放入適當的圓形容器，
帶去辦公室或學校吧！
搭配醬料不但營養均衡，即使時間不充裕也能迅速享用。
可愛又獨特的手作午餐實在讓人感到有些自豪呢！
與同事或朋友分享時，即方便又可愛喔！

野餐或是登山等外出場合時，
也非常適合攜帶戚風蛋糕與醬料喔！
簡單包覆就可以帶出門，
重量也十分輕盈，真是輕鬆愉快，
若是使用紙類等可拋式容器，
更能因為不占空間，
而不會影響到活動囉！

只需準備幾種戚風蛋糕與抹醬，
就可以開始時尚又簡便的家庭派對囉！
既簡單又華麗，即使突然增加人數也無須緊張，可輕鬆對應。
享受喜愛的戚風蛋糕與醬料搭配組合的樂趣，
將會替派對帶來歡樂的高潮！

就是要超手感天然食材

超低卡不發胖點心、酵母麵包
米蛋糕、戚風蛋糕……
讓你驚喜的健康食譜新概念。

極好吃！

烘焙良品 01
好吃不發胖低卡麵包
作者：茨木くみ子
定價：280元
19×26cm・74頁・全彩

烘焙良品 02
好吃不發胖低卡甜點
作者：茨木くみ子
定價：280元
19×26cm・80頁・全彩

烘焙良品 03
清爽不膩口鹹味點心
作者：熊本真由美
定價：300元
19×26 cm・128頁・全彩

烘焙良品 04
自己作濃・醇・香牛奶冰淇淋
作者：島本 薰
定價：240元
20×21cm・84頁・彩色

烘焙良品 05
自製天然酵母作麵包
作者：太田幸子
定價：280元
19×26cm・96頁・全彩

烘焙良品 07
好吃不發胖低卡麵包
PART 2
作者：茨木くみ子
定價：280元
19×26公分・80頁・全彩

烘焙良品 09
新手也會作，
吃了會微笑的起司蛋糕
作者：石澤清美
定價：280元
21×28公分・88頁・全彩

烘焙良品 10
初學者也 ok！
自己作職人配方的戚風蛋糕
作者：青井聡子
定價：280元
19×26公分・80頁・全彩

烘焙良品 11
好吃不發胖低卡甜點 part2
作者：茨木くみ子
定價：280元
19×26cm・88頁・全彩

烘焙良品 12
荻山和也 × 麵包機
魔法 60 變
作者：荻山和也
定價：280元
21×26cm・100頁・全彩

烘焙良品 13
沒烤箱也 ok！一個平底鍋
作 48 款天然酵母麵包
作者：梶 晶子
定價：280元
19×26cm・80頁・全彩

烘焙良品 15
108 道鬆餅粉點心出爐囉！
作者：佑成二葦・高沢紀子
定價：280元
19×26cm・96頁・全彩

烘焙良品 16
美味限定・幸福出爐！
在家烘焙不失敗的
手作甜點書
作者：杜麗娟
定價：280元
21×28cm・96頁・全彩

烘焙良品 17
易學不失敗的
12 原則 × 9 步驟——
以少少的酵母在家作麵包
作者：幸栄 ゆきえ
定價：280元
19×26・88頁・全彩

烘焙良品 18
咦，白飯也能作麵包
作者：山田一美
定價：280元
19×26・88頁・全彩

烘焙良品 19
愛上水果酵素手作好料
作者：小林順子
定價：300元
19×26公分・88頁・全彩

烘焙良品 20
自然味の手作甜食
50 道天然食材&愛不釋手
的 Natural Sweets
作者：青山有紀
定價：280元
19×28公分・96頁・全彩

烘焙良品21
好好吃の格子鬆餅
作者：Yukari Nomura
定價：280元
21×26cm．96頁．彩色

烘焙良品22
好想吃一口的
幸福果物甜點
作者：福田淳子
定價：350元
19×26cm．112頁．全彩

烘焙良品23
瘋狂愛上! 有幸福味の
百變司康&比司吉
作者：藤田千秋
定價：280元
19×26 cm．96頁．全彩

烘焙良品 25
Always yummy！
來學當令食材作的人氣甜點
作者：磯谷 仁美
定價：280元
19×26 cm．104頁．全彩

烘焙良品 26
一個中空模型就能作！
在家作天然酵母麵包&蛋糕
作者：熊崎 朋子
定價：280元
19×26cm．96頁．彩色

烘焙良品27
用好油，在家自己作點心：
天天吃無負擔．簡單做又好吃の
57款司康．鹹點心．蔬菜點心．
蛋糕．塔．醃漬蔬果
作者：オズボーン未奈子
定價：320元
19×26cm．96頁．彩色

烘焙良品28
愛上麵包機：按一按，超好
作的45款土司美味出爐！
使用牛種酵母&速發酵母配方都OK!
作者：桑原奈津子
定價：280元
19×26cm．96頁．彩色

烘焙良品29
Q軟喔! 自己輕鬆「養」玄米
酵母 作好吃的30款麵包
養酵母3步驟,新手零失敗！
作者：小西香奈
定價：280元
19×26cm．96頁．彩色

烘焙良品 30
從養水果酵母開始，
一次學會究極版老麵×法式
甜點麵包30款
作者：太田幸子
定價：280元
19×26cm．88頁．彩色

烘焙良品 31
麵包機作的唷！
微油烘焙38款天然酵母麵包
作者：濱田美里
定價：280元
19×26cm．96頁．彩色

烘焙良品 32
在家輕鬆作，
好食味養生甜點&蛋糕
作者：上原まり子
定價：280元
19×26cm．80頁．彩色

烘焙良品 33
和風新食感・超人氣白色
馬卡龍40種和菓子內餡的
精緻甜點筆記！
作者：向谷地馨
定價：280元
17×24cm．80頁．彩色

烘焙良品 34
好吃不發胖的低卡麵包
PART.3：48道麵包機食譜特集！
作者：茨木くみ子
定價：280元
19×26cm．80頁．彩色

烘焙良品 35
最詳細的烘焙筆記書I：
從零開始學餅乾&奶油麵包
作者：稲田多佳子
定價：350元
19×26cm．136頁．彩色

烘焙良品 36
彩繪糖霜手工餅乾：
內附156種手繪圖例
作者：星野彰子
定價：280元
17×24cm．96頁．彩色

烘焙良品37
東京人氣名店
VIRON的私房食譜大公開
自家烘培5星級法國麵包！
作者：牛尾 則明
定價：320元
19×26cm．104頁．彩色

烘焙良品38
最詳細的烘焙筆記書II
從零開始學起司蛋糕&瑞士卷
作者：稲田多佳子
定價：350元
19×26cm．136頁．彩色

烘焙良品39
最詳細的烘焙筆記書III
從零開始學戚風蛋糕&巧克力蛋糕
作者：稲田多佳子
定價：350元
19×26cm．136頁．彩色

烘焙良品40
美式甜心So Sweet！
手作可愛の紐約風杯子蛋糕
作者：Kazumi Lisa Iseki
定價：380元
19×26cm．136頁．彩色

Non-Sweet Chiffon Cakes and Dips
Other Variations of Chiffon Cake